ACG 全国数字媒体动漫游戏专业主干课程标准教材

丛书主编 肖永亮

Flash CS5
二维动画设计与制作

张亚东 房洁 编著
飞思数字创意出版中心 监制

电子工业出版社
Publishing House of Electronics Industry
北京·BEIJING

内 容 简 介

本书是全国数字媒体动漫游戏专业主干课程标准教材丛书中的一本,重点介绍 Flash 中动画设计和制作技巧。

本书从动画制作知识和软件操作两方面入手,力求使学生能够使用 Flash CS5 制作出真正意义上的动画作品。全书共分 11 章,第 1 章主要介绍了 Flash CS5 软件基础,包括 Flash CS5 概述及 Flash CS5 基本绘图工具的使用等;第 2 章介绍了 Flash CS5 基本动画知识,包括逐帧动画及补间动画等;第 3 章介绍了库面板的管理和使用;第 4 章详细阐述了滤镜技术和混合技术;第 5 章介绍了如何使用 ActionScript 3.0,包括 ActionScript 3.0 基本概念及写入程序的位置等;第 6 章详细阐述了 Flash 动画特效,包括普通特效、脚本动画特效及常见镜头特效等;第 7 章介绍了动画基础知识,包括动画常识及动画基本力学原理等;第 8 章介绍了 Flash 动画的制作方法,包括人物角色动画、动画运动规律与时间的控制等;第 9 章介绍了骨骼动画,包括骨骼的基本概念、骨骼的建立及骨骼的控制方法等;第 10 章介绍了完整的 Flash 动画制作;第 11 章介绍了各类 Flash 动画作品的制作与案例演示。

随书配套光盘提供了书中涉及的实例源文件和视频教学文件。

读者对象:本书可作为中等学校、职业学校相关专业学生的授课教材使用,也可作为广大二维动画爱好者的参考书籍,同时还可以作为各类培训班的参考教材。

未经许可,不得以任何方式复制或抄袭本书的部分或全部内容。
版权所有,侵权必究。

图书在版编目(CIP)数据

Flash CS5 二维动画设计与制作 / 张亚东,房洁编著. -- 北京 :电子工业出版社, 2013.5
(全国数字媒体动漫游戏专业主干课程标准教材 / 肖永亮主编)
ISBN 978-7-121-20017-5

Ⅰ. ①F… Ⅱ. ①张… ②房… Ⅲ. ①动画制作软件-高等学校-教材 Ⅳ. ①TP391.41

中国版本图书馆 CIP 数据核字(2013)第 057294 号

责任编辑:侯琦婧
特约编辑:李新承
印　　刷:三河市鑫金马印装有限公司
装　　订:三河市鑫金马印装有限公司
出版发行:电子工业出版社
　　　　　北京市海淀区万寿路 173 信箱　邮编:100036
开　　本:787×1092　1/16　印张:18.25　字数:467.2 千字
版　　次:2013 年 5 月第 1 版
印　　次:2021 年 3 月第 11 次印刷
定　　价:39.80 元(含光盘 1 张)

凡所购买电子工业出版社图书有缺损问题,请向购买书店调换。若书店售缺,请与本社发行部联系,联系及邮购电话:(010)88254888。
质量投诉请发邮件至 zlts@phei.com.cn,盗版侵权举报请发邮件至 dbqq@phei.com.cn。
服务热线:(010)88258888。

丛书编委会

专家委员会顾问组成员（以下排名不分先后顺序）：

肖永亮	北京师范大学	常光希	吉林动画学院
孙立军	北京电影学院	曹小卉	北京电影学院
廖祥忠	中国传媒大学	路盛章	中国传媒大学
吴冠英	清华大学	丁刚毅	北京理工大学
林　超	中国美术学院	余　轮	福州大学
马克宣	北京大学	吴中海	北京大学
朱明健	武汉理工大学	高春鸣	湖南大学
周晓波	四川美术学院		

专家委员会审读组成员（以下排名不分先后顺序）：

肖永亮（组长）北京师范大学艺术与传媒学院
高薇华　中国传媒大学
张　骏　中国传媒大学
李　杰　中国传媒大学
甄　巍　北京师范大学艺术与传媒学院
尹武松　中央民族大学艺术研究所
庄　曜　南京艺术学院传媒学院
刘言韬　北京电影学院美术系
庄　曜　南京艺术学院传媒学院常务副院长

编辑委员会名单（以下排名不分先后顺序）：

郭　晶（组长）
何郑燕　王树伟　杨　鸱
侯琦婧　业　蕾

序

随着中国动漫游戏文化的兴起，动漫游戏已经蔓延成为人们娱乐生活的一部分，特别是青少年，对动画片、漫画书和网络游戏的兴趣，转变为他们对时尚生活的强烈追求。动漫游戏新文化运动的产生，起因于新兴数字媒体的迅猛发展。这些新兴媒体的出现，从技术上为包含最大信息量的媒体数字化提供了可能，开辟了广泛的应用领域。在新兴媒体多姿多彩的时代，不仅为新兴艺术提供了新的工具和手段、材料和载体、形式和内容，而且带来了新观念，产生了新思维。动漫游戏已经不是简单概括动画、漫画和游戏三大类艺术形式的简称，它已经流传为一种新的理念，包含了更深的内涵，依附了新的美学价值，带来了新的生活观念，产生了新的经济生长点和广泛的社会效益。动漫新观念，表现在动漫思维方式，它的核心价值是给人们带来欢乐，它的基本手法是艺术夸张，它的主要功能是教化作用，它的无穷魅力在于极端想象力。动漫精神、动漫游戏产业、动漫游戏教育构成了富有中国特色的动漫文化。

动漫游戏产品作为一种文化产品，有图书、报刊、电影、电视、音像制品、舞台剧及网络等多种载体。综合起来看，动漫游戏产业的主体分为几个类别：游戏、漫画（图书、报刊）、动画（电影、电视、音像制品）、动漫舞台剧（专业或业余爱好）和网络动漫（互联网和移动通信）。创意和原创是一切产品开发的基础，漫画创作是艺术风格形成的重要途径，影视动画是产业的主体，动漫舞台剧是产业的延展，网络动漫是产业的支柱，游戏、玩具等周边产品是产业的重心。随着动漫产业的发展，动漫教育应运而生，课程和教材也在整装待发。中国的动漫游戏产业发展，以动漫游戏教育为基础，电视动画为主渠道，以动画电影为标志，以漫画图书为补充，以手机动漫为商机。人才是产业发展的根本，师资是兴办教育的前提，教材是教育培训之本，课程体系和教材是培养人的关键。

北京师范大学是我国培养教师的摇篮，依托学校百年培养人才的学科综合优势，以及教育和心理学科的特色，面对国家文化创意产业发展的需求，成立了京师文化创意产业研究院。京师研究院的工作目标之一，就是研究符合新时代的文化创意产业人才培养模式，以及相关的课程体系和教材。本套教材就是针对动漫游戏产业人才需求和全国相关院校动漫教学的课程教材基本要求，由电子工业出版社与研究院深入研究并系统开发的一套数字媒体动漫游戏专业主干课程标准教材。

首先，基于我们对产业的认识和教育的规律，并搜集整理全国近百家院校的课程设置，从中挑选动、漫、游范围内公共课和骨干课程作为参照。

其次，学习本套教材的用户，还可以申请参加工业和信息化部的"全国信息化工程师岗位技能证书"考试，获得工业和信息化部人才交流中心颁发的"全国信息化工程师岗位技能证书"。本套教材的教学内容符合该认证的考核内容，详情请访问网址 www.fecit.com.cn。

再次，为了便于开展教学或自学，我们为授课老师设计并开发了内容丰富的教学配套资源，包括配套教材、学时分配建议表、考试大纲、视频录像、电子教案、考试题库，以及相关素材资料，为广大教师解决了缺少课件、参考资料的燃眉之急。

本套教材邀请国家多所知名学校的骨干教师组成编审委员会，参与教材的编写和审稿工作。教材采用了理论知识结合实际制作的讲解形式，使设计理念和制作技术完美结合，很好地解决了当前教材中普遍存在的重软件轻设计的问题。教材中的实际制作部分选用了行业中比较成功的实例，由学校教师和行业高手共同完成。教师可以根据学生的学习重点把握好讲解形式和结构安排，行业高手重点讲解实际工作中的经验和技巧，采用这种形式可以提高学生在实际工作中的能力。

另外，本教材考虑到较广的适用范围，力求适合普通高校的本、专科及职业院校和社会培训机构，以及影视、动漫或者数字艺术等相关专业的师生和动漫爱好者使用。通过本套教材的学习，学生可以从事漫画设计、动画编剧、二维和三维动画设计、游戏设计等工作。

最后，我要感谢电子工业出版社对这套教材的大力支持，特别是北京易飞思信息技术有限公司的精心策划和严谨、认真的编辑工作。

京师文化创意产业研究院执行院长

博士

出版说明

关于丛书

随着我国政府对文化创意产业的重视程度日益加强,企业在这方面的用人需求不断增加,在很多职业院校、高等院校中也陆续开设了文化创意产业中的动漫与游戏专业。为了满足动漫与游戏专业院校对课程教材的使用需求,由电子工业出版社与京师文化创意产业研究院共同深入研究并系统开发的"全国数字媒体动漫游戏专业主干课程标准教材"丛书,自2006年立项进行规划以来,经过了长时间深入细致的调研、策划、组织编写、审校等工作,终于在2009年正式出版了。

丛书选题的确定,主要遵循各大院校动漫游相关专业的主干专业课程设计,结合业界漫画、动画、游戏生产中的重要技术环节来进行规划。下图为本套数字媒体动漫游戏课程推荐培养体系与对应教材。

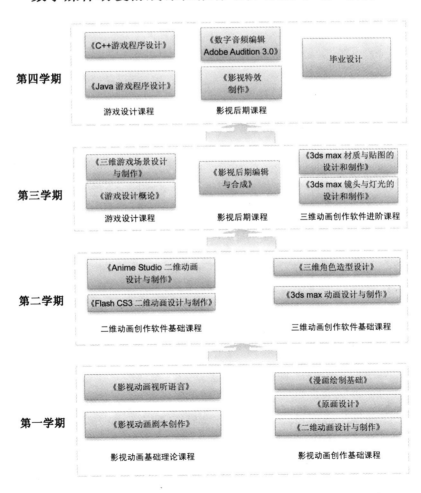

如何使用本套教材

动漫游戏职业教育知识体系覆盖面广，即从基础的美术知识到先进的数字媒体技术。在研发选题的过程中，没有采用全面"开花"的战略，而是结合上图所述的培养体系和对应教材，把这些技术点作为规划这套教材的重点。这些重点与目前各大院校开设相关专业的课程对应如下。

专业关键词	课程关键词	首批推出对应教材名称
影视动画 影视动漫 动漫设计与制作 游戏动画 游戏软件开发技术 数字媒体	影视动画基础理论课程	《影视动画视听语言》
		《影视动画剧本创作》
	影视动画创作基础课程	《漫画绘制基础》
		《原画设计》
		《二维动画设计与制作》
	二维动画创作软件基础课程	《Anime Studio 二维动画设计与制作》
		《Flash CS3 二维动画设计与制作》
	三维动画创作软件基础课程	《3ds max 动画设计与制作》
		《三维角色造型设计》
	三维动画创作软件进阶课程	《3ds max 材质与贴图的设计和制作》
		《3ds max 镜头与灯光的设计和制作》
	游戏设计课程	《游戏设计概论》
		《三维游戏场景设计与制作》
		《C++游戏程序设计》
		《Java 游戏程序设计》
	影视后期课程	《影视后期编辑与合成》
		《数字音频编辑 Adobe Audition 3.0》
		《影视特效制作》

如何获取教学支持

根据课程的特点，还专门为教师开发了配套教学资源包，以教材为核心，从老师教学及学生学习的角度搭配内容，包括如下图所示的八大教学资源库，分成教师光盘和学生光盘两种形式提供给教师和学生。教师光盘免费赠送，与教材配套教学使用；学生光盘随书学习使用。获取教学支持方法：

> 电子邮件：wsw@fecit.com.cn； ina@fecit.com.cn
> 联系电话：010-88254160
> 教师 QQ 群号：85785301（仅限教师申请加入）

在学习过程中，本套教材还提供了认证考试平台，为师生获得学历证书以外的其他职业证书提供服务。在本书的"序"中提到使用本套教材的用户可参加工业和信息化部全国信息化应用能力考试，获得"全国信息化工程师岗位技能证书"。

本套教材的出版得到了专家委会员顾问组、专家委员会审读组所有成员的大力支持，特别是主编肖永亮教授在其中做了大量的组织工作，在此一一表示感谢。

关于本书

随着网络多媒体及移动传媒的迅猛发展，网络视频、车载电视、移动传媒竞相走进我们的生活。电子贺卡、商业动画广告、公益动画广告、小品动画纷纷走上屏幕。Flash 因其制作的矢量动画具有上乘的图像质量、快捷的下载传播和良好的兼容性能等诸多优势，已经被业界普遍认可，应用越来越广泛，SWF 文件已经成为网络矢量动画的标准格式。

Flash 集众多的功能为一身，绘画、动画编辑、特效处理、音效处理等事宜都可在这个软件中操作完成。该软件上手很快，任何一个具有一定软件基础的人在短期内就能够学会 Flash 的基本操作，网上的绝大多数"闪客"都不是专业出身，有的甚至没有绘画基础，可是他们同样在这个软件的帮助下做出了属于自己的动画作品。

自 20 世纪 90 年代至今，Flash 经过了数次版本更新，每一次新版本的问世都给我们带来诸多惊喜，并在业界掀起一轮又一轮 Flash 热潮，各大论坛、聊天室都有关于 Flash 的讨论。

林林总总的 Flash 创作比赛、浩如烟海的 Flash 作品、精彩纷呈的 Flash 专题网站，预示着 Flash 良好的商业前景。

本书从动画制作知识和软件操作两方面入手，力求使学生能够使用软件制作出真正意义上的动画作品。

本书从动画制作知识和软件操作两方面入手，力求使学生能够使用 Flash CS5 制作出真正意义上的动画作品。全书共分 11 章，第 1 章主要介绍了 Flash CS5 软件基础，包括 Flash CS5 概述及 Flash CS5 基本绘图工具的使用等；第 2 章介绍了 Flash CS5 基本动画知识，包括逐帧动画及补间动画等；第 3 章介绍了库面板的管理和使用；第 4 章详细阐述了滤镜技术和混合技术；第 5 章介绍了如何使用 ActionScript 3.0，包括 ActionScript 3.0 基本概念及写入程序的位置等；第 6 章详细阐述了 Flash 动画特效，包括普通特效、脚本动画特效及常见镜头特效等；第 7 章介绍了动画基础知识，包括动画常识及动画基本力学原理等；第 8 章介绍了 Flash 动画的制作方法，包括人物角色动画、动画运动规律与时间的控制等；第 9 章介绍了骨骼动画，包括骨骼的基本概念、骨骼的建立及骨骼的控制方法等；第 10 章介绍了完整的 Flash 动画制作；第 11 章介绍了名类 Flash 动画作品的制作与案例演示。

在学习中，请大家从实际出发，结合光盘提供的素材，逐步完成对动画制作的理解与认识。书中的图片、实例源文件，都收集在光盘中，并以相同名称命名，请按照书中的步骤逐个尝试。

希望读者朋友们不要仅仅偏重软件的操作。作为动画作品，最终强调的是动画效果，不能简单地认为能让画面动起来就是动画了。

学习不能生搬硬套，除了实例的演练，还需要积极思考揣摩，以良好的创新意识引导自己，举一反三，活学活用，特别是动画规律和特效技术。

动画有其特有的规律，这些规律来自生活的点点滴滴。生活中常见的形态是人们所熟悉的，如果我们在作品中剥离了人们的视觉习惯，那后果无疑是严重的，作品也无疑是失败的。例如制作一个球体运动的动画，一定要具备基本的物理规律，何时加速、何时减速、何时匀速，以及运行的轨迹等都要符合人们的日常视觉习惯，而这些正是软件所不能完成的，只有靠使用软件的人去控制和调整。

特效、遮罩、引导是 Flash 软件精髓所在，灵活合理的技术应用是作品成败的关键，不能为了特效而特效，技术的堆积与作品的成功与否是没有直接关系的。这是大家在学习中需要特别加以重视的问题。

在制作动画作品的时候，不一定要求画面美轮美奂，也不一定要求色彩和特效的绚丽夺目，最重要的是，要使观众在观看过程中感到动作是自然的，是日常生活中常见的。这样的作品首先具备了良好的亲和力，下一步才是对画面和特效的强化。

因此，请读者朋友在学习 Flash 软件时，从第 1 章开始便要做到深刻理解，掌握运动规律是第一步，学习了软件的操作后还要严格按照运动的基本规律进行创作。

最后，请读者朋友记住，艺术高于生活，但艺术却来源于生活，这个观点是众所周知的。

本书的制作得到很多业界朋友的鼎力襄助与悉心指导，在此表示衷心的感谢。因作者自身能力所限，书中的不足与疏漏难以避免，恳请读者朋友们批评指正。

飞思数字创意出版中心

建议学时

总学时：68。其中，理论学习：28 学时，实践学习：40 学时

章节名称	序号	教学内容	建议学时	授课类型
第1章 Flash CS5 软件基础	1	Flash CS5 概述	2	理论
	2	Flash CS5 基本绘图工具	2	理论
第2章 Flash CS5 基本动画知识	3	Flash 动画的基本操作原理	1	理论
	4	逐帧动画	2	理论
	5	补间动画	2	理论
	6	逐帧动画和补间动画的综合运用	3	理论+实践
第3章 库面板的管理和使用	7	库、元件和实例	1	理论
	8	处理图像	2	理论+实践
	9	处理声音	1	理论
	10	"库"面板的使用	2	理论+实践
第4章 滤镜技术与混合技术	11	滤镜技术	3	理论+实践
	12	混合技术	3	理论+实践
第5章 ActionScript 3.0 简介	13	ActionScript 3.0 基本概念	1	理论
	14	"动作"面板和脚本窗口		
	15	写入程序的位置		
	16	写入脚本程序	1	理论+实践
	17	几个常用的命令	1	理论+实践
第6章 Flash 动画特效	18	普通特效	3	理论+实践
	19	ActionScript 脚本动画特效	3	理论+实践
	20	常见镜头特效	4	理论+实践
第7章 动画基础知识	21	动画常识 动画中的画面构图与镜头表现	1	理论
	22	动画基本力学原理 速度与节奏的把握	1	理论
	23	曲线运动技巧与时间控制 曲线运动相关的动画案例	4	理论+实践
第8章 Flash 动画制作方法	24	人物角色	4	理论+实践
	25	动物运动规律与时间的控制	4	理论+实践
	26	禽鸟类动物运动规律与时间的控制	3	理论+实践
	27	其他常见动物运动规律	2	理论+实践
	28	自然现象的运动规律与时间的控制	3	理论+实践
第9章 骨骼动画	29	骨骼的基本概念	1	理论
	30	骨骼的建立		
	31	骨骼的控制方法		
	32	骨骼动画制作	2	实践

续表

章节名称	序号	教学内容	建议学时	授课类型
第10章 完整的Falsh动画制作	33	创意与先期工作	1	理论
	34	分镜头	1	实践
	35	造型与场景的设定	2	实践
	36	动画的制作	2	实践
第11章 各类Flash动画 作品的制作与案例演示	37	Flash MV 的制作	2	实践
	38	Flash 电子相册的制作	2	实践
	39	Flash 电子贺卡的制作	2	实践
	40	Flash 课件的制作	2	实践
	41	Flash 广告的制作	2	实践

本书授课建议教师安排68个学时，理论部分28学时，实践部分40学时，适当加大实践部分的学时数，对于本学科的教学开展将会收到更好的教学效果。另外，除学时分配建议表以外，本书赠送的教师光盘还为授课老师提供了更丰富的教学资源。教师光盘的索取方法请见本书的出版说明。

目 录

第 1 章 Flash CS5 软件基础 1

1.1 Flash CS5 概述 2
1.1.1 Flash CS5 的应用范围 2
1.1.2 Flash CS5 的用途，以及新增与改进功能 5
1.1.3 Flash CS5 的硬件配置需求 12

1.2 Flash CS5 基本绘图工具 13
1.2.1 Flash CS5 的工作界面 13
1.2.2 基本术语/工作区域（舞台、时间轴、图层、帧和播放头） 15
1.2.3 绘图工具栏（绘图区域、预览区域、色彩区域、选择区域） 16
1.2.4 使用工具绘制图形 28

1.3 习题 32

第 2 章 Flash CS5 基本动画知识 33

2.1 Flash 动画的基本操作原理 34
2.2 逐帧动画 35
2.2.1 逐帧动画的基本概念 35
2.2.2 逐帧动画的基本操作方法 38

2.3 补间动画 41
2.3.1 补间动画的概念 41
2.3.2 形状补间动画 42
2.3.3 动画/动作补间动画 45

2.4 逐帧动画和补间动画的综合运用 48
2.5 习题 51

第 3 章 "库"面板的管理和使用 53

3.1 库、元件和实例 54
3.1.1 "库"面板 54
3.1.2 元件和实例 54

3.2 处理图像 56
3.3 处理声音 58

XIII

3.4 "库"面板的使用 …… 59
3.5 习题 …… 60

第 4 章 滤镜技术和混合技术 …… 61

4.1 滤镜技术 …… 62
    4.1.1 滤镜技术简介 …… 62
    4.1.2 "投影"滤镜 …… 63
    4.1.3 "发光"滤镜 …… 64
    4.1.4 "斜角"滤镜 …… 65
    4.1.5 "模糊"滤镜 …… 67
    4.1.6 "调整颜色"滤镜 …… 67
4.2 混合技术 …… 68
    4.2.1 混合技术的应用 …… 68
    4.2.2 图层混合模式 …… 72
    4.2.3 Alpha 混合模式 …… 72
    4.2.4 擦除混合模式 …… 73
4.3 习题 …… 74

第 5 章 ActionScript 3.0 简介 …… 75

5.1 ActionScript 3.0 基本概念 …… 76
5.2 "动作"面板和脚本窗口 …… 76
5.3 写入程序的位置 …… 78
    5.3.1 控制帧、按钮和影片剪辑动画的脚本 …… 79
    5.3.2 函数 …… 88
    5.3.3 常量 …… 91
    5.3.4 属性 …… 91
    5.3.5 对象 …… 94
5.4 写入脚本程序 …… 99
5.5 几个常用的命令 …… 102
5.6 习题 …… 104

第 6 章 Flash 动画特效 …… 105

6.1 普通特效 …… 106

|　　　　6.1.1　文字特效 106
|　　　　6.1.2　遮罩特效 115
|　　　　6.1.3　引导特效 121
|　　6.2　ActionScript 脚本动画特效 123
|　　　　6.2.1　视觉特效 123
|　　　　6.2.2　鼠标特效 126
|　　　　6.2.3　按钮特效 127
|　　6.3　常见镜头特效 129
|　　　　6.3.1　模拟镜头的移动 129
|　　　　6.3.2　叠画 132
|　　　　6.3.3　淡出效果 136
|　　　　6.3.4　淡入效果 138
|　　　　6.3.5　快速移镜 140
|　　　　6.3.6　慢速移镜 141
|　　　　6.3.7　Loading 制作 143
|　　　　6.3.8　全屏幕播放 145
|　　6.4　习题 146

第 7 章　动画基础知识 147

　　7.1　动画常识 148
　　　　7.1.1　传统动画与 Flash 动画的特点 148
　　　　7.1.2　传统动画与 Flash 动画的异同 151
　　　　7.1.3　使用传统动画的技术手段增强 Flash 动画的表现效果 153
　　7.2　动画中的画面构图与镜头表现 154
　　　　7.2.1　构图与透视 154
　　　　7.2.2　镜头语言与镜头使用 157
　　7.3　动画基本力学原理 163
　　　　7.3.1　加速、减速与匀速运动 163
　　　　7.3.2　自由落体、抛物线与反弹 165
　　　　7.3.3　运动中的形变 165
　　7.4　速度与节奏的把握 166
　　　　7.4.1　预备与缓冲的概念 166
　　　　7.4.2　选择动作关键帧 167
　　　　7.4.3　如何处理关键帧之间的长度 169
　　7.5　曲线运动技巧与时间控制 170

7.6 曲线运动相关的动画案例 ·· 171
    7.6.1 运用单线条制作一个曲线动画 ·· 171
    7.6.2 以随风摆动的旗帜为对象制作动画 ··· 178
    7.6.3 制作翻动的纸张动画 ·· 182

第 8 章 Flash 动画制作方法 ·· 189

8.1 人物角色动画 ··· 190
    8.1.1 头部动作绘制技巧与时间控制 ·· 190
    8.1.2 表情变化 ·· 193
    8.1.3 情绪变化与相应的动作反应 ·· 193
    8.1.4 手部动作绘制技巧与时间控制 ·· 194
    8.1.5 走路绘制技法与时间控制 ·· 197
    8.1.6 跑步绘制技法与时间控制 ·· 201
    8.1.7 跳跃绘制技法与时间控制 ·· 204
8.2 动物运动规律与时间的控制 ·· 207
    8.2.1 走路运动规律与绘制技法 ·· 207
    8.2.2 跑步运动规律与绘制技法 ·· 210
    8.2.3 跳跃绘制技法与时间控制 ·· 213
8.3 禽鸟类动物运动规律与时间的控制 ·· 214
    8.3.1 游水动作绘制技法与时间控制 ·· 215
    8.3.2 飞行动作绘制技法与时间控制 ·· 216
8.4 其他常见动物运动规律 ·· 217
    8.4.1 爬行动物运动规律与时间的控制 ·· 217
    8.4.2 昆虫类动物运动规律与时间的控制 ·· 218
    8.4.3 鱼类动物运动规律与时间的控制 ·· 218
8.5 自然现象的运动规律与时间的控制 ·· 220
    8.5.1 雨、雪的动画制作 ·· 220
    8.5.2 风、云、烟的动画制作 ·· 222
    8.5.3 雷电的动画制作 ·· 227
    8.5.4 水的动画制作 ·· 230
    8.5.5 火的动画制作 ·· 234

第 9 章 骨骼动画 ··· 237

9.1 骨骼的基本概念 ··· 238

9.2 骨骼的建立 ·············· 239
9.3 骨骼的控制方法 ·············· 243
9.4 骨骼动画制作 ·············· 246
  9.4.1 简单骨骼动画 ·············· 247
  9.4.2 复杂骨骼动画 ·············· 249

第 10 章 完整的 Flash 动画制作 ·············· 253

10.1 创意与先期工作 ·············· 254
10.2 分镜头 ·············· 255
  10.2.1 镜头划分的基础知识 ·············· 256
  10.2.2 项目的分镜制作 ·············· 257
10.3 造型与场景的设定 ·············· 258
  10.3.1 造型设计制作 ·············· 258
  10.3.2 场景设计制作 ·············· 259
10.4 动画的制作 ·············· 262

第 11 章 各类 Flash 动画作品的制作与案例演示（内容参见光盘）·············· 275

11.1 Flash MV 的制作 ·············· 276
  11.1.1 Flash MV 的特点 ·············· 276
  11.1.2 制作 Flash MV 的一般步骤 ·············· 276
  11.1.3 音乐与动画同步 ·············· 278
  11.1.4 使 MV 全屏幕播放 ·············· 281
11.2 Flash 电子相册的制作 ·············· 281
11.3 Flash 电子贺卡的制作 ·············· 284
11.4 Flash 课件的制作 ·············· 288
11.5 Flash 广告的制作 ·············· 293

第 1 章 Flash CS5 软件基础

　　在使用 Flash CS5 软件制作动画之前，应当首先认识并熟悉软件。认识软件的界面，了解软件特有的功能，掌握常用工具的操作方法是每一个动画人员必须具备的基础。

本章重点：
- Flash 软件的常识及当前版本的更新功能
- Flash CS5 软件的界面布局工具
- Flash CS5 软件的工具使用

1.1　Flash CS5 概述

Adobe Flash CS5 是 Adobe 最新发布的一款重量级矢量动画制作软件。它是引燃互联网无穷创意的导火线，不仅在 Web 领域，在具备广阔发展前景的无线传播领域，它同样展现出无穷的魅力。Flash 已经逐渐成为一个跨平台的多媒体制作工具，可以实现多种动画特效，是由一帧帧的静态图片在短时间内连续播放而造成的视觉效果，是表现动态过程和阐明抽象原理的一种重要手段。

Flash 是非常优秀的动画制作软件，它所制作的"SWF"文件已经传遍了整个网络，并且成为了网络的新兴载体。它迅速在网络以及网络以外的领域蔓延，并在商业领域得到了充分发挥，Flash 片头、Flash 广告和 Flash 导航，以及 Flash 网站，已经成为目前商业网站中不可或缺的部分。

> 提示　Flash 中源文件格式为"fla"，其本身也是 Flash 特有的文件格式。Flash 中生成可播放的影片格式为"swf"，其有利于传播。

1.1.1　Flash CS5 的应用范围

Flash 最初出现的作用主要是为增强 JPEG 和 GIF 文件格式的表现效果，但是随着文件格式的流行，软件本身功能的提高，它的应用范围不断扩展，成为一种可应用于多种数字平台的文件格式。

1．网站片头

这是最早出现为了丰富因特网的表现方式。它可创造出更具视觉冲击力的表现效果。

许多网站在打开首页之前，都会采用一段 Flash 动画片头抓住浏览者的目光，对自己的企业形象或产品给予生动的介绍，给浏览者留下好印象，如图 1-1 所示就是精彩的片头动画。

图 1-1　国外网站片头

2．Flash MV 和动画短片

用 Flash 对一些歌曲进行动画创作（Music Video），让每个人都可以对自己喜欢的音乐作品进行诠释，抒发心情。如比较熟悉的《东北人都是活雷锋》、《大学自习室》及《废铁是怎样练成的》等都是 Flash MV 的案例。在网络上可以找到各种流行歌曲的 MV，如图 1-2 所示为《下辈子如果我还记得你》的 MV。

图 1-2　Flash MV

除了 MV，更多专业的作者开始进行二维动画的创作，自己编写剧情，自己设计动画，甚至自己配音和配乐。目前，国内已经出现了许多专业的 Flash 动画工作室，开始制作 Flash 长片和 Flash 连续剧，如图 1-3 所示为南京维色企划有限责任公司所做的《交通规则》动画宣传片。

图 1-3　交通规则

3．广告片头和网页广告

由于 Flash 具有强大的二维动画功能，所以很多电视台和广告制作公司开始尝试用 Flash 来制作电视广告片头。采用 Flash 制作电视广告具有成本低、周期短及改动方便的优点，受到不少企业的青睐，如图 1-4 所示为 SONY 的 Flash 广告，图 1-5 所示为《帕拉丁车》的网页广告。

图1-4　SONY 的产品广告

图1-5　网站广告

4．网络游戏

经过多年的发展 Flash 已经具备强大的交互功能，通过 Flash 可以快速开发出精彩的小游戏。如图1-6所示为《水果消消看》的游戏。

图1-6　Flash 游戏

5．电子贺卡

从前逢年过节，大家都会邮寄贺卡进行祝福。到了信息时代，大家都通过 E-mail 或者短信向对方表示祝福，因为速度更快、更便捷。但是文字信息看起来比较单调，于是电子贺卡被许多人所喜爱。人们只要写上祝福的话语，而背景动画则由专业贺卡站采用 Flash 来制作完成，许多电子贺卡还支持录音功能。这样，对方就可以收到一个声情并茂的电子贺卡了。如图1-7所示为《喜欢你》的一个情人节贺卡。

图 1-7 Flash 贺卡

6．教学课件

许多教师都喜欢用 Flash 来制作多媒体课件，因为其操作简单，功能强大，而且交互性强，能够使课堂生动有趣。老师和学生在教与学中找到乐趣，增强教学效果。如图 1-8 所示为一个用 Flash 制作的多媒体课件。

图 1-8 Flash 课件

1.1.2 Flash CS5 的用途，以及新增与改进功能

1．Flash CS5 的用途

1）图像质量

Flash 是矢量图形，基于这个特点，用 Flash 绘制的图形达到了真正的无限放大，放大几倍、几百倍都一样清晰。而且 Flash CS5 还支持大多数 Photoshop 数据文件，还提供一些导入选项，以便在 Flash 中获得图像保真度和可编辑性的最佳平衡。Flash CS5 还支持多种文件格式的导入，如图像文件 BMP、AI、PNG 和 JPG 等，声音文件 MP3 和 WMV 等，视频文件 AVI 和 MOV 等，动画文件 GIF 等。

2）文件体积

Flash 以矢量图作为基础，只需少量数据就可以描述相对复杂的对象，因此占的存储空间很小，非常适合在网络上使用。Flash 还提供了强大的绘制图形的工具，它可以和多个软件结合使用，创造出更具特色的图像。

3）元件使用

对于经常使用的图形和动画片断，可以在 Flash 中定义为元件，并且多次使用，也不会导致动画文件的增大。Flash CS5 还可以使用"复制和粘贴动画"功能复制补间动画，并将帧、补间和元件信息应用到其他对象上。

4）交互功能

Flash 动画与其他动画的区别就是其具有交互性，它是通过鼠标和键盘等输入工具实现在作品中的跳转，影响动画的播放。通过交互可以制作视觉特效和鼠标特效，这些特效都是通过 Flash CS5 中的"Action Script"功能进行制作的。使用"Action Script"可以控制 Flash 中的对象，创建导航和交互元素，制作出交互性强的动画。

2．Flash CS5 新增与改进的功能

Flash CS5 是最新的版本，它与之前的版本相比，有更新的功能。

1）用户界面改进，丰富的界面方案

在 Flash CS5 中，具有比较丰富的界面方案，根据不同的使用群体，Adobe 提供了以下几套具有针对性的界面布局。

（1）基本功能界面，如图 1-9 所示。

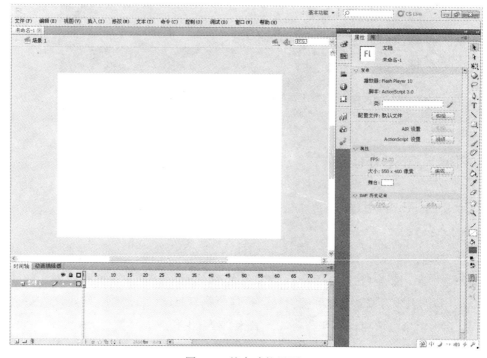

图 1-9　基本功能界面

(2)动画界面,如图 1-10 所示。

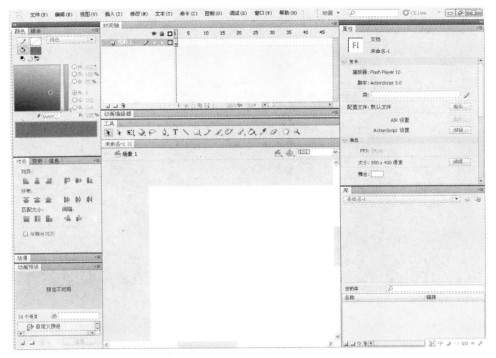

图 1-10　动画界面

(3)传统界面,如图 1-11 所示。

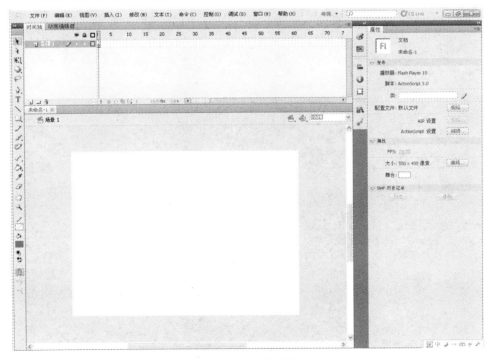

图 1-11　传统界面

（4）调试界面，如图 1-12 所示。

图 1-12　调试界面

（5）设计人员界面，如图 1-13 所示。

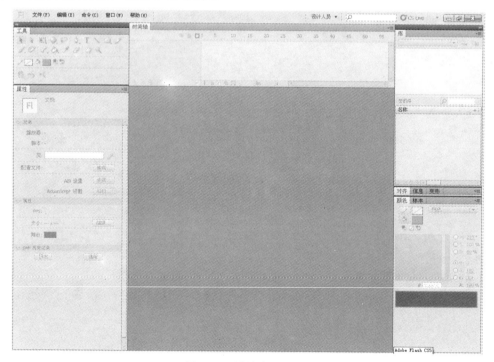

图 1-13　设计人员界面

（6）开发人员界面，如图1-14所示。

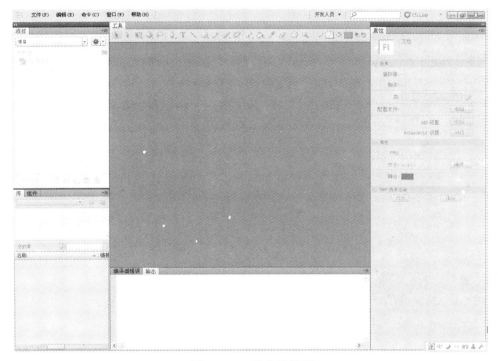

图1-14　开发人员界面

（7）小屏幕，如图1-15所示。

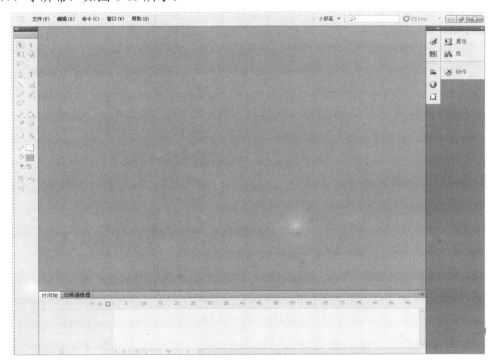

图1-15　小屏幕

用户可以通过下拉菜单来选择需要的界面，通过菜单还可以快速对工作区界面加以管理和调整，如图 1-16 所示。

3）Flash Builder 集成

将 Flash Builder 用做 Flash Professional 项目的 ActionScript 主编辑器。Flash 项目可以与 Flash Builder 实现本机共享，如图 1-17 所示。

图 1-16　选择工作界面

图 1-17　Flash Builder 集成

3）骨骼工具大幅改进

借助骨骼工具新增的动画属性，对 IK 骨骼固定。在摆骨架的姿势时，可以将骨骼连接固定到舞台上。固定功能可以防止连接相对于舞台移动。可以创建出更加逼真的反向运动效果，如图 1-18 所示。

4）代码片断面板 HUD

使用新的代码片段面板抬头显示（HUD），可以在插入之前查看 ActionScript 代码和每个代码片段的说明。还可以将 HUD 代码中的实例拖放到舞台上的实例中，如图 1-19 所示。

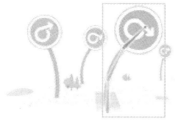

图 1-18　骨骼工具

图 1-19　代码片段面板

5）TLF 文本增强

TLF 定位标尺：TLF 文本块现在附加了定位标尺。使用标尺可以在 TLF 文本中创建和编辑制表位。现在还可以在 TLF 文本字段中输入制表符字符。

用于静态 TLF 的 TCM 文本：Flash Pro CS5.5 使用文本容器管理器处理不打算运行时更改的 TLF 文本。TCM 可以避免在发布的 SWF 文件中包括完整的 TLF ActionScript 库，能够显著减少文件大小。

TLF 文本文件大小优化：使用 TLF 文本的 SWF 文件较小，在 Flash Player 中的性能较好。

TLF 文本支持样式表：可以像传统文本那样将样式表与 TLF 文本一起使用。这两种文本类型都要求 ActionScript 使用样式表。

6）基于 XML 的 FLA 源文件

使用源控制系统管理和修改项目，更轻松地实现文件协作。

7）Deco 绘制工具

借助 Deco 工具十多种笔刷，添加相应的动画效果，同时可以对动画参数加以修改和调节，如图 1-20 所示。

8）AIR for Android 支持

可以作为 AIR for Android 应用程序发布 FLA 文件。

9）"文档属性"面板更改

可以在文档"属性"面板中直接编辑 Flash Player 发布设置和舞台大小，还可以从"属性"面板打开"发布设置"对话框。

10）可以在"属性"面板中编辑元件的可见属性

现在可以在"属性"面板中切换影片剪辑实例的可见性。此设置需要的 Player 发布设置是 Flash Player 10.2 或更高版本，如图 1-21 所示。

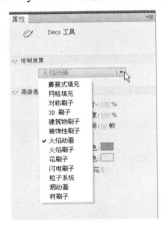

图 1-20　选择 Deco 绘制工具

图 1-21　文档"属性"面板

11）新的库冲突解决对话框

对"库"面板进行了增强，使用一个新的冲突解决对话框来解决在将同名元件导入"库"时发生的冲突。该对话框现在提供一个选项，可将重复的项目放入新文件夹中。

12）增量编译

在使用"发布"命令时，Flash Pro 可以在 FLA 文件中缓存编译的资源版本，从而改进了性能。每次创建 SWF 文件时，仅重新编译更改的项目。

13）自动恢复和自动保存 Flash

使用自动恢复功能：可以定期拍摄所有打开文档的快照，这样用户可以在发生任何突发性数据丢失事件时进行恢复。自动保存功能可以帮助用户定期保存每个文档。

14）复制和粘贴图层

可以在一个时间轴中剪切、复制和粘贴整个图层或一组图层，或者粘贴到单独的时间轴。

15）在更改舞台大小时缩放内容

在通过文档"属性"面板更改舞台大小时，可以自动缩放内容以适应新的舞台大小。

16）导出为位图

作为播放期间减少 CPU 需求的一种方法，在发布 SWF 文件时，可以将基于向量的元件导出为位图。此功能对于在 CPU 功能较弱的移动设备上发布很有帮助。

17）转换为位图

使用此功能可以使用元件实例在"库"面板中创建位图。新位图在移动设备或其他低性能设备的独立项目版本可能非常有用。

18）AIR 2.6 SDK

AIR 2.6 SDK 集成并包括用于 iOS 的最新 API，这包括访问麦克风、从摄像头卷中读取，以及 CameraUI。"AIR for iOS 设置"对话框的"分辨率"菜单中还包括 Retina 显示支持。

19）通过 USB 在设备上调试

可以在移动设备上通过 USB 端口调试 AIR for iOS 或 AIR for Android 应用程序。

1.1.3 Flash CS5 的硬件配置需求

1．Windows 系统

处理器采用 Intel Pentium 4、Intel Centrino、Intel Xeon、Intel Core Duo（或兼容）处理器或 AMD Athlon 64 处理器。

操作系统为 Microsoft Windows XP（带有 Service Pack 2，推荐 Service Pack 3）、Windows Vista Home Premium、Business、Ultimate 或 Enterprise（带有 Service Pack 1）。

Windows 7 操作系统的硬件配置如下：

- 1GB 内存（建议使用 2GB）。
- 3.5GB 的可用硬盘空间用于安装；安装过程中需要额外的可用空间（无法安装在基于闪存的可移动存储设备上）。
- 1024×768 像素分辨率的显示器（推荐 1280×800 像素），带有 16 位视频卡。
- DVD-ROM 驱动器。
- 多媒体功能需要 QuickTime 7.6.2 软件。
- DirectX 9.0c 软件。
- 在线服务需要 Internet 连接，如图 1-22 所示。

2．Mac OS 系统

- Intel 多核处理器。
- Mac OS X 10.5.7 或 10.6 版。
- 1GB 内存（建议使用 2GB）。

图 1-22　系统需求

- 4GB 可用硬盘空间用于安装;安装过程中需要额外的可用空间（无法安装在基于闪存的可移动存储设备上）。
- 1024×768 像素分辨率的显示器（推荐 1280×800 像素），带有 16 位视频卡。
- DVD-ROM 驱动器。
- 多媒体功能需要 QuickTime 7.6.2 软件。

1.2　Flash CS5 基本绘图工具

1.2.1　Flash CS5 的工作界面

Flash CS5 对界面进行了更新，使之与其他 Adobe Creative Suite CS5 组件共享公共界面，如图 1-23 所示。

图 1-23　Flash CS5 启动画面

启动 Flash CS5，首先看到的是开始页界面，界面中列出了一些常用的任务，如图 1-24 所示。

图 1-24　开始页界面

开始页界面的左边栏上方是从模板创建的各种动画文件；左边栏下方是最近打开过的项目；中间栏是创建各种类型的新项目；右边栏是便于初学者学习的网络连接地址。

- "从模板创建"：列出了最常用的模板，并允许从列表中进行选择。
- "打开最近项目"：使用户可以查看最近打开过的文档。单击"打开"按钮将显示"打开"对话框。
- "新建"：提供了可从中选择的文件类型列表。Flash CS5 允许新建不同的 ActionScript 版本的文档。
- "扩展"：连接到 Adobe Flash CS5 Exchange Web 站点，可下载附加应用程序，获取最新信息。

在"新建"选项组中单击"Flash 文件（ActionScript 3.0）"选项，进入 Flash CS5 的编辑界面，这是一个排列有序的界面，它的基本结构如图 1-25 所示。

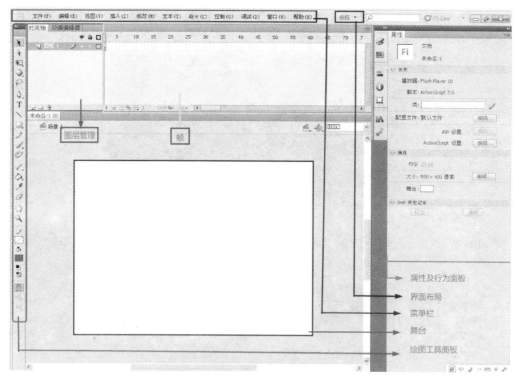

图 1-25　工作界面

- 菜单栏：包含各种操作命令的归类组合。菜单栏位于标题栏的下方，菜单栏中共有"文件"、"编辑"、"视图"、"插入"、"修改"、"文本"、"控制"、"调试"、"窗口"和"帮助"这 11 个菜单。
- 绘图工具栏：包括各种选择工具、绘图工具、文本工具、视图工具、填充工具，以及一些相关选项。详细的内容我们将在 1.2.3 节介绍。
- 时间轴：用来组织文档随时间播放的状况，主要包括图层、帧和播放头。

- 舞台：图 1-25 中白色矩形区域，用来安排图形内容。图形内容包括矢量图形、位图图形、视频、文本和按钮等。
- 属性及行为面板：显示舞台或时间轴上当前选定项的相关属性。

1.2.2　基本术语/工作区域（舞台、时间轴、图层、帧和播放头）

Flash CS5 中出现了许多新名词，也是 Flash CS5 中特有的，现在我们就逐一介绍。

1．舞台

舞台是编辑电影的窗口，也就是所谓的文件窗口，可以在其中作图或编辑图像，也可以测试电影的播放，有着时时预览的功能，如图 1-26 所示。

舞台也是 Flash CS5 中重要的组成部分，是完成影片制作的重要工具。

Flash 默认的舞台大小是 550（宽）×400（高）像素，背景为白色。我们需要结合属性面板来调整这些默认值，如图 1-27 所示。

图 1-26　舞台及周围灰色区域

图 1-27　调整舞台的相关属性

2．时间轴

时间轴由图层、帧和播放头三部分组成。

时间轴是一个以时间为基础的线性进度的安排表，用户能够很容易地以时间的进度为基础，一步步安排每一个动作。Flash 将时间轴分割成许多同样的小块，每一小块代表一帧。帧由左到右运行就形成了动画电影。时间轴是安排并控制帧的排列及将复杂动作组合起来的窗口，如图 1-28 所示。

1）图层

图层是从上到下逐层叠加的，一个图层如同一张透明的玻璃纸，不同图层上的内容会叠加在一起，一个 Flash 影片中往往包含许多图层。它与 Photoshop 中的图层类似，如图 1-29 所示。

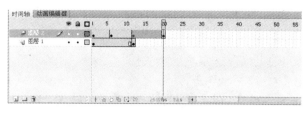

　　图 1-28　时间轴　　　　　　　　　图 1-29　"图层"面板

2）帧

帧是时间轴上一个小格子，是舞台内容中的一个片断。帧是 Flash 影片的基本组成部分。Flash 影片播放的构成就是每一帧的内容按顺序展现的构成。帧放置在图层上，Flash 按照从左到右的顺序来播放帧。

Flash 中常见的帧有空白帧、关键帧及延长帧。其中，Flash 把有标记的帧称为关键帧，关键帧可以识别动作的开始帧和结束帧。每个关键帧可以设定特殊的动作，包括移动、变形和透明变化，如图 1-30 所示。

3）播放头

播放头所指的帧的内容会展现在舞台上，有助于我们编辑帧的内容，如图 1-31 所示。

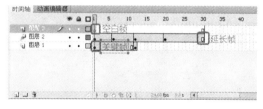
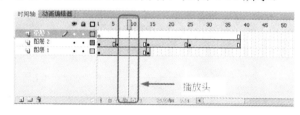

　　图 1-30　帧　　　　　　　　　　　图 1-31　播放头

对于图层和帧的具体操作，我们会在后面章节详细讲解。

1.2.3　绘图工具栏（绘图区域、预览区域、色彩区域、选择区域）

Flash 提供了强大的绘图功能，这是图形制作最基础也是最常用的功能。

在前面的小节中已基本对工具面板有个简单的了解。现在将具体讲解工具面板中各工具的具体功能，如图 1-32 所示。

1. 整个绘图工具面板分为 4 个区域

1）绘图区

▶（选择工具）　　　　▶（部分选取工具）　　　　▦（任意变形工具）

●（3D 旋转工具）　　○（套索工具）　　　　　　◊（钢笔工具）

T（文本工具）　　　　＼（线条工具）　　　　　　▭（矩形工具）

✏（铅笔工具）　　　　🖌（刷子工具）　　　　　　✒（Deco 工具）

（骨骼工具）　　　　（颜料桶工具）　　　　　（滴管工具）

（橡皮擦工具）

2）预览区

（手形工具）　　　　（缩放工具）

3）填色区（如图 1-33 所示）

（笔触颜色）　　　　（填充颜色）　　　　（笔触和颜色互换）

4）选项区

选项区域要结合其他区域的工具一起使用。

2．各工具的名称及功能介绍

- 选择工具：用来选取文字或者图像，并且对图像进行修改。
- 部分选取工具：通过选取图形的节点和路径来改变图像的形状。
- 任意变形工具：对图像进行旋转、缩放、倾斜、扭曲和封套等变形操作，隐藏选项中的"渐变变形"工具主要是对颜色渐变进行变形操作。
- 3D 旋转工具：对影片剪辑原件的 X、Y、Z 三个轴向进行调整。
- 套索工具：用"魔术棒"工具或者"多边形模式"来选取文字或者图像。

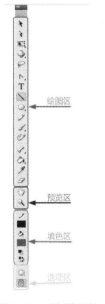

图 1-32　绘图工具

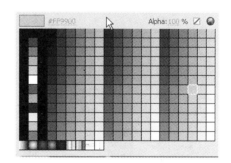

图 1-33　颜色调色面板

以上 5 个工具都是可以用来选取对象的工具，通过选取工具可以轻松实现将图形选中、移动和变形等效果。

1）选取对象

用"选择工具"可以选取全部对象，也可以部分选取对象，如图 1-34 所示。

2）移动对象

用选择工具选择对象后，按住鼠标左键拖动选取的部分，便可以移动对象。如图 1-35 所示就是将选中的矩形填充移动到一边，将其与线框分离。

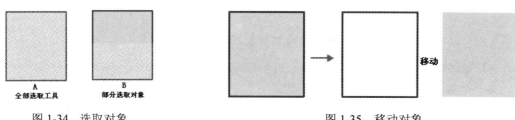

图 1-34　选取对象　　　　　　　图 1-35　移动对象

3）变形操作

在不选中对象的情况下，移动鼠标，将鼠标指针放在线条上，拖动线条，可以将线条扭曲，从而使对象变形，如图 1-36 所示。

将鼠标放置在线条的边角处，可以拖动边角的位置，将对象变形，如图 1-37 所示。

图 1-36　拖动线条　　　　　　　图 1-37　拖动边角

4）去除位图图像背景

去除位图图像背景需要用到"套索工具"。"套索工具" 包括"魔术棒"、"魔术棒设置"和"多边形模式"3个选项，如图 1-38 所示。选取"魔术棒设置"选项，设置"阈值"，选择"魔术棒"选项将多余的部分删除，得到一半蝴蝶图像。

> **提示**　在对位图图像修改的时候，注意需要将位图图像转变为可编辑的形状，方法是单击位图图像，按"Ctrl+B"组合键打散位图。

5）变形工具

变形工具中包括两个工具，一个是"任意变形工具"，另一个是"渐变变形工具"，如图 1-39 所示。

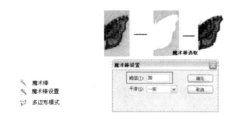
图 1-38　去除背景

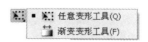
图 1-39　变形工具

（1）任意变形工具

"任意变形工具"是更改图像的大小、旋转角度，以及利用"封套"来设置曲度，如图 1-40 所示。

选择"任意变形工具"，并结合选项区域结合使用。选择"倾斜"工具，将正方形变为平行四边

图 1-40　任意变形工具选项

形。选择"旋转"工具将正方形变为菱形,如图 1-41 和图 1-42 所示。

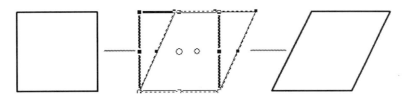

图 1-41　将正方形变为平行四边形

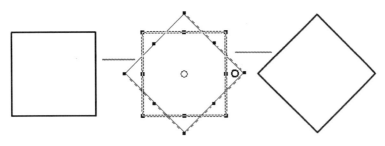

图 1-42　将正方旋转为菱形

在选项区域选择"缩放"工具，将正方形进行由大到小的变化,如图 1-43 所示。

图 1-43　缩放

> **提示**：如果需要等比例缩放时,可以按住"Shift"键进行缩放。如果以中心点进行缩放,需要按"Shift+Alt"组合键。

在选项区域选择"扭曲"工具，将正方形变成梯形,如图 1-44 所示。

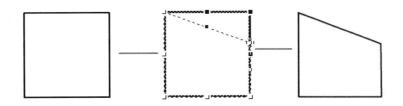

图 1-44　"扭曲"变形

在选项区域选择"封套"工具，将矩形变为具有高低起伏的波浪,如图 1-45 所示。

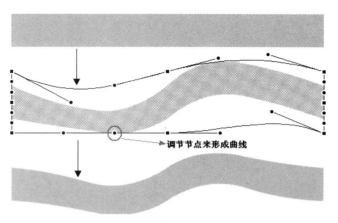

图 1-45　将矩形变为波浪

提　示
　　需要进行扭曲时,可以按"Ctrl"键拖动一个节点,按住"Ctrl+Shift"组合键可以对两个节点进行调节。"任意变形"工具中的"扭曲"和"封套"功能只可以应用于形状,对其他对象则无法进行操作,如果要应用变形操作,必须按"Ctrl+B"组合键将对象打散。

（2）渐变变形工具

"渐变变形工具" 是对所选中的对象进行渐变填充,创造更为丰富的渐变效果。"渐变变形工具"需要结合浮游窗口的"颜色"面板和"样本"面板同时使用,如图 1-46 所示。

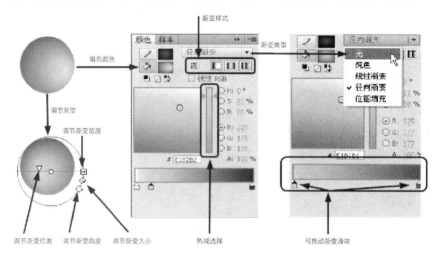

图 1-46　渐变变形工具

"颜色"面板中的填充类型 用来设置笔触或者填充区域的填充类型,主要有以下几种类型,如图 1-47 所示。

在"颜色"面板中可以使用位图对图像进行填充,详细操作步骤如下。

01　选择"椭圆工具" 在舞台上绘制一个圆,如图 1-48 所示。

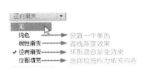

图 1-47　类型　　　　　　　　　　　图 1-48　画圆

02　用"选择工具"选中所绘制的圆,并且选择"类型"中的"位图"选项,会弹出"导入到库"对话框,然后导入位图,如图 1-49 所示。

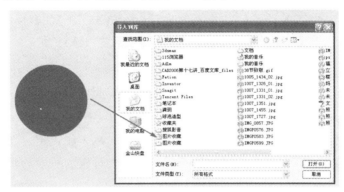

图 1-49　"导入到库"对话框

03　导入位图后,舞台上形状的填充就变成了位图填充,如图 1-50 所示。

04　用"渐变变形工具"选中填充的位图图像,可以通过调节图像周围出现的控制点来改变位图的填充方式,如图 1-51 所示。

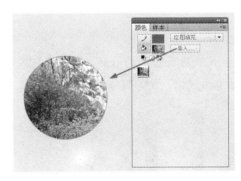
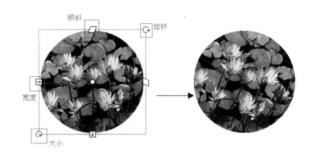

图 1-50　位图填充　　　　　　　图 1-51　通过调节旋转后的位图填充

- 钢笔工具：用节点和路径来绘制直线或者曲线,如图 1-52 所示。
- 文本工具：用来输入文字。在后面介绍文字特效时将详细讲解。
- 线条工具：用来绘制直线。

在"工具"面板选择"线条工具",在舞台上按住"Shift"键绘制一条直线。"线条工具"结合"属性"面板同时使用时,可以在"属性"面板中调节线条相对应的属性,如图 1-53 所示。

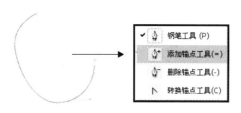
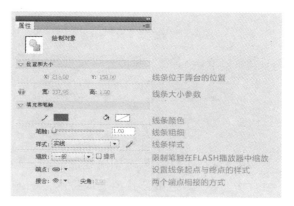

图 1-52　钢笔工具　　　　　　　　　图 1-53　线条工具的"属性"面板

- 设置线条颜色，可以在 ▇ 面板调节颜色。
- 设置线条粗细，可以在 [1.00] 文本框内直接输入数值或者调节滑块。
- 设置线条属性，在选定了线条样式之后，单击 ✎ 按钮，可以对线条进行更细致的设定，如图 1-54 所示。
- 设定路径终点的样式，对同一段线条，分别尝试这 3 种设定。在图 1-55 中，对端点进行了"方形"设定的线段比对端点进行"无"设定的线段的两端略长，"方形"线段两端增加的长度分别相当于线段笔触高度数值的一半，也就是说，如果线段的笔触高度为 20point，则当指定线段两端为"方形"时，线段两端各增加 10point 的长度。

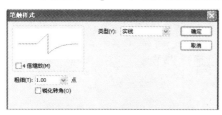

图 1-54　"笔触样式"对话框　　　　　　图 1-55　路径终点的样式

- 定义两个路径段的相接方式，在"接合"样式右下角的倒三角符号处，单击鼠标左键，打开下拉列表，可以看到 3 个选项：尖角、圆角和斜角，如图 1-56 所示。

图 1-56　路径段相接方式

- ▢矩形工具：用来绘制椭圆和矩形。

"矩形工具"中有 5 个隐藏的工具，它们都是用来绘制图形的，如图 1-57 所示。

"矩形工具" ▢ 是用来绘制正方形和矩形的，如图 1-58 所示。

"椭圆工具" ◯ 是用来绘制圆和椭圆的，如图 1-59 所示。

图 1-57 矩形工具

图 1-58 "矩形工具"绘制的图形

图 1-59 "椭圆工具"绘制的图形

"基本矩形工具" ▢ 是用来绘制圆角矩形的，圆角矩形常常被用来制作网页按钮，如图 1-60 所示。图中用"基本矩形工具"绘制一个矩形，并在属性面板里调节滑块得到圆角矩形。

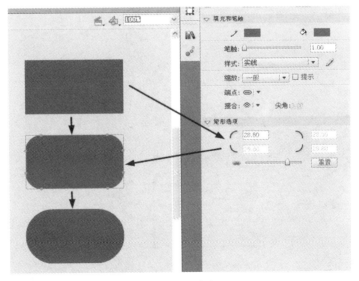

图 1-60 圆角矩形

"基本椭圆工具" ◯ 是用来绘制扇形的，如图 1-61 所示。

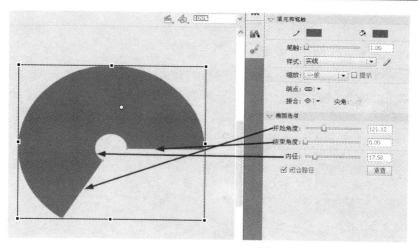

图 1-61　绘制扇形

最终形成的图形是通过调节"属性"面板的"开始角度"和"内径"完成的，如图 1-62 所示。

"多角星形工具" 是用来绘制多边形和星形的，多边形和星形的绘制必须调节"属性"面板中的选项才可生成效果，如图 1-63 和图 1-64 所示。

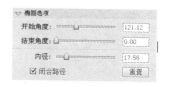

图 1-62　参数选项

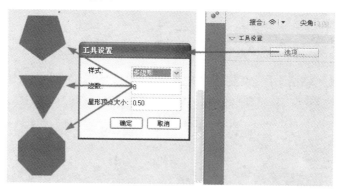

图 1-63　多边形参数

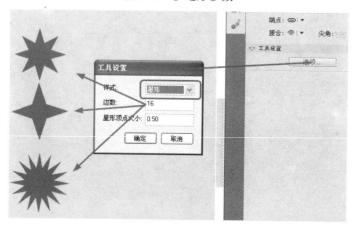

图 1-64　星形参数

提示　　　　　按住"Alt+ Shift"组合键绘制正方形和正圆。

- 铅笔工具：用来自由绘制线条。

使用"铅笔工具"绘图时，在"工具"面板选择"铅笔工具"，按住鼠标左键在舞台上拖动，就可以进行铅笔的绘画。"铅笔工具"也是需要结合选项区域同时使用的，在选项区域有3个选项，分别是"直线化"、"平滑"和"墨水"，如图1-65所示。

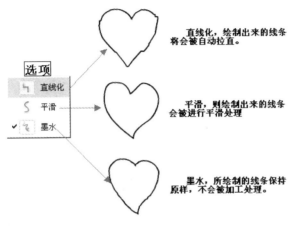

图1-65　铅笔工具选项

- 刷子工具：用来自由绘制具有刷子形状效果的线条或者填充所选对象内部的颜色。

使用"刷子工具"绘图时，在"工具"面板选择"刷子工具"结合选项区域同时使用。在选项区域中有调节笔刷的形状、笔刷的大小及刷子的模式3个选项。

- 刷子大小：用来选择刷子的大小，如图1-66所示。
- 刷子形状：用来选择刷子的形状，如图1-67所示。

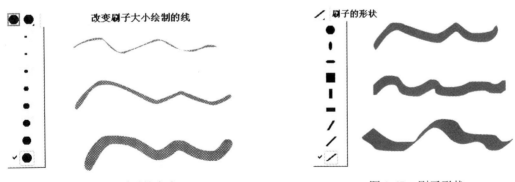

图1-66　刷子的大小　　　　　　　图1-67　刷子形状

- 刷子模式：用来选择以何种方式的笔刷来进行绘制图形，如图1-68所示。
- 墨水瓶工具：用来描绘所选对象的边缘轮廓。

在"工具"面板选择"墨水瓶工具"，给填充色上添加一个边缘轮廓，如图1-69所示。

- 颜料桶工具：用来对封闭区域填充颜色。

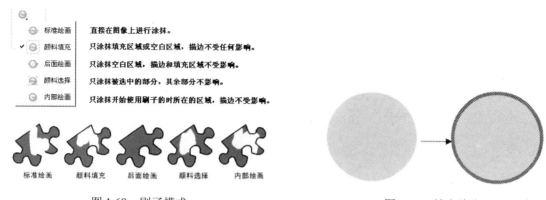

图 1-68　刷子模式　　　　　　　　　图 1-69　填充边缘

在"工具"面板中选择"颜料桶工具" ，可以对图像进行颜色的填充，填充的方法是直接选择颜色，单击鼠标左键上色，"颜料桶工具"结合选项区域使用，在选项区域里可以选择缝隙的大小来进行填充，还可以锁定填充色，如图 1-70 所示。

● 滴管工具：用来吸取文字或者图像的颜色。

在"工具"面板中选取"滴管工具" 可以吸取描边颜色、图像的颜色及文字的颜色。

● 橡皮擦工具：用来擦除文字或者图像。

"橡皮擦工具"是用来擦除描边颜色或者填充颜色的。在"工具"面板中选择"橡皮擦工具" ，在选项区域中，可以选择擦除的方式。

橡皮擦模式中有各种调节擦除的方式，如图 1-71 所示。

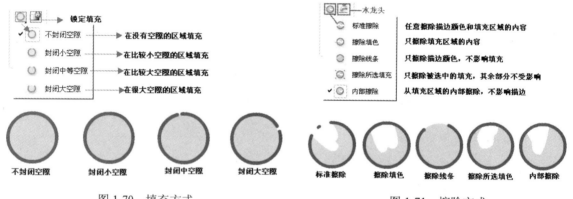

图 1-70　填充方式　　　　　　　　　图 1-71　擦除方式

橡皮擦的形状，可以选择橡皮的大小及形状进行擦除，如图 1-72 所示。

水龙头选项是用来擦除所选的描边颜色或者填充该图标的，只要单击该图标就可擦除颜色。

● Deco 工具：类似"喷涂刷"的填充工具，使用"Deco 工具"可以快速完成大量相同元素的绘制，也可以应用它制作出很多复杂的动画效果。将其与图形元件和影片剪辑元件配合，可以制作出效果更加丰富的动画效果，如图 1-73 所示。例如使用火焰动画模板直接创建逐帧火焰动画，如图 1-74 所示。

第 1 章　Flash CS5 软件基础

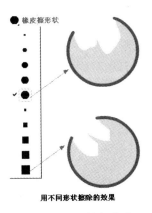

图 1-72　形状与大小

图 1-73　Deco 工具选项

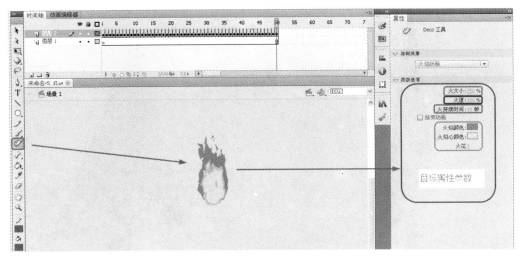

图 1-74　火焰模版

- 骨骼工具：可以为元件附加上骨骼，并通过骨骼对目标加以控制，完成动画制作，如图 1-75 所示。

图 1-75　骨骼工具

- 3D 旋转工具：同样是针对影片剪辑元件进行，通过在 FLA 文件中使用影片剪辑实例的 3D 属性，可以创建多种图形效果，而不必复制库中的影片剪辑。使用"3D 旋转工具"可以在 3D 空间中旋转影片剪辑实例。3D 旋转控件出现在舞台上的选定对象之上。X 控件为红色、Y 控件为绿色、Z 控件为蓝色。使用橙色的自由旋转控件可同时绕 X 轴和 Y 轴旋转。

但是，若要使用 Flash Pro 的 3D 功能，FLA 文件的发布设置必须设置为 Flash Player 10 和 ActionScript 3.0。在使用 ActionScript 3.0 时，除了影片剪辑之外，还可以向对象（如文本、FLV Playback 组件和按钮）应用 3D 属性，如图 1-76 所示。

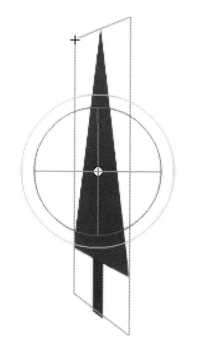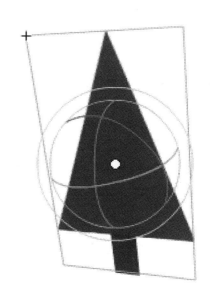

图 1-76　3D 旋转工具

> 提示：不能对遮罩层上的对象使用 3D 工具，包含 3D 对象的图层也不能用做遮罩层。

1.2.4　使用工具绘制图形

通过前面章节的学习，现在将用实际操作来讲解如何制作漂亮的小鱼。

01 打开 Flash CS5，选择"文件">"新建"命令，创建一个 Flash 文档，单击"属性"面板中"大小"右边的按钮，弹出文档"属性"面板，如图 1-77 所示。设置"大小"为 600×450 像素，"背景颜色"为#FFFFFF，"帧频"为 13fps。

02 选择"文件">"导入">"导入到舞台"命令，如图 1-78 所示，将提供的线稿导入。

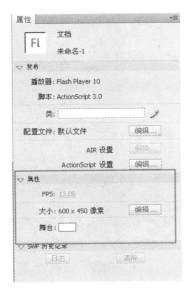

图 1-77　文档"属性"面板　　　　　图 1-78　导入命令

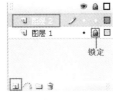

03　将线稿所在的图层"锁定",并且新建一个图层 2。如图 1-79 所示。

04　在图层 2 上利用"钢笔工具" 绘制路径,先绘制鱼的身体部位,如图 1-80 所示。

图 1-79　锁定图层

05　接下来绘制鱼的脸部、眼睛、鱼鳍及嘴的造型,利用"选择工具" 和"钢笔工具" 勾画出完美的线条,如图 1-81 所示。

图 1-80　绘制小鱼

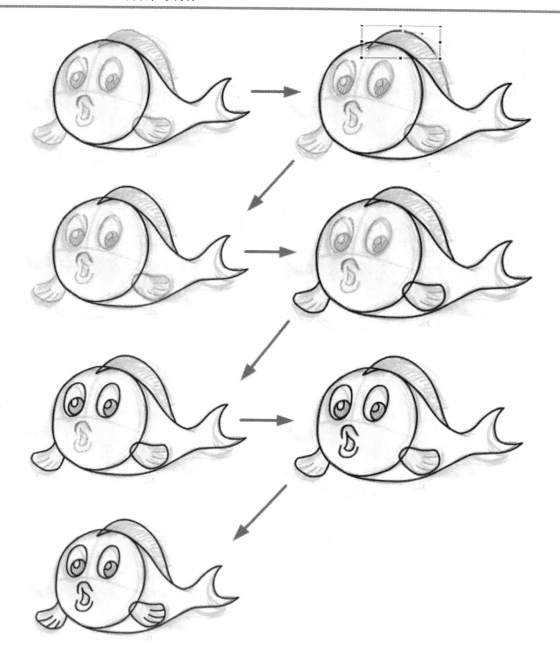

图 1-81　完整绘制步骤

06　将鱼的线稿绘制好后,要将线与线重合的部分处理掉(利用形状与形状之间具有切割性),去掉多余的线,整理出完整的鱼的线稿,如图 1-82 所示。

07　完整的线稿绘制出来后,要对鱼进行填色。先从眼睛部位填充,选择"颜料桶工具" ,选择深灰色(#262626)和白色(#FFFFFF),分别对眼睛进行填充。填充完毕后,按住"Shift"+左键将眼睛全部选中,并按"Ctrl+G"组合键,将眼睛部分组合。选择红色(#C10202)对嘴进行填充,如图 1-83 所示。

第 1 章 Flash CS5 软件基础

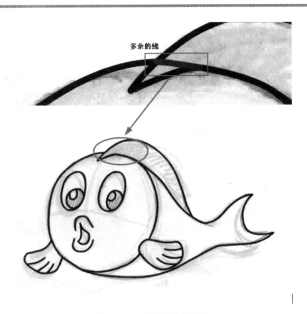

图 1-82 图稿的修缮

图 1-83 对眼睛和嘴进行填色

08 接下来是身体和鱼鳍的部分，填充黄色（#000000），如图 1-84 所示。

图 1-84 对身体填色

31

09 此时已经基本完成了对小鱼的填色，接下来要对小鱼的细节部分进行刻画，加上一定的阴影，如图 1-85 所示。

图 1-85　添加阴影

10 完成了细致的刻画后，将导入的位图图像线稿删除，导入一张漂亮的背景，如图 1-86 所示。

图 1-86　导入背景

1.3　习题

1. Flash CS5 的新增功能有哪些？
2. 各种绘图工具如何使用？
3. 使用绘图工具，按照本章节所介绍的步骤画出小鱼。

第 2 章 Flash CS5 基本动画知识

> Flash 动画的制作除必须手绘的内容外，基本上都是在软件环境下完成的。因此，在熟悉软件的界面布局管理，熟练掌握常用工具的操作方法的基础上，可以很方便地根据动画制作所需的内容、素材合理地使用相应的动画制作手段。
>
> 本章重点：
> - Flash 动画的基本操作原理
> - Flash 中帧的概念
> - 逐帧动画和补间动画的实现方法

2.1 Flash 动画的基本操作原理

对于动画知识大家都有了一定的了解，动画就是将事先绘制好的一帧一帧的连续图片进行连续播放，利用人们的视觉暂留的特性，形成了动画的效果。

Flash 动画的基本操作原理也是一样的，就是将对象设置为一帧一帧的动作进行连续播放，形成了影片，这也就是我们常说的 Flash 电影。

将 Flash 中制成动画的文件称为"电影"，该"电影"就是连续播放的帧，放映时都是一帧一帧的，有点像真正的且播放的电影，只不过是将胶片转化为了帧。

既然是"帧"的动画，那就必须了解，在制作 Flash 动画时帧是如何设置的。Flash CS5 中默认的帧频为 24fps，如图 2-1 所示，这是完成一般动画所需要的设置。也就是说，每一秒将运行 24 帧的动画。

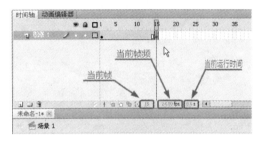

图 2-1 一般动画的设置

 提示　　一般动画为每秒 12 帧或者 24 帧，如果需要制作可以在电视上播放的动画或者是电视广告片头的话，需设置帧频为每秒运行 25 帧，标准画面的尺寸为 550×400 像素，如图 2-2 所示。

如果要设置"画面（舞台）尺寸"、"单位模式"、"背景颜色"和"帧频"，在"属性"面板中单击"大小"选项的"编辑"按钮出现对话框，如图 2-3 所示。

图 2-2 文档属性

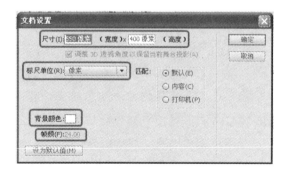

图 2-3 参数设置

2.2 逐帧动画

2.2.1 逐帧动画的基本概念

动画中最基本的时间单位就是帧,因此在讲解逐帧动画之前,应该详细研究"帧"的概念。

帧是时间轴上记录动作的小格,如图2-4所示。制作动画时,如没有帧的存在也就无动画的存在。关键帧是Flash动画中的主导。

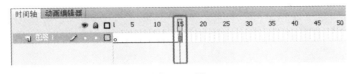

图2-4 帧

帧在时间轴上的显示方式可以有很多种,如图2-5所示,其主要是为了方便用户的使用和对帧的管理。

Flash中最常用的帧有关键帧、空白帧和延长帧。其中,关键帧是Flash中最重要的组成部分。

- 空白帧:此帧的特点是中间的圆点是空心的,代表此帧上没有内容。插入空白关键帧可以按"F7"键。
- 关键帧:此帧的特点是中间是实心圆,代表此帧有东西存在。插入关键帧可以按"F6"键。
- 延长帧:此帧的特点是中间是空心方块,代表关键帧上的对象在舞台上的持续时间,(即延长多少时间)。插入延长帧可以按"F5"键。

3种帧的关系如图2-6所示。

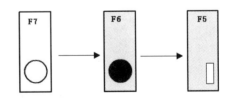

空白帧上绘制了对象就转变成了关键帧,而关键帧想在舞台上持续一定的时间,只要将其延长,结束的帧就变为延长帧。

图2-5 帧的显示方式   图2-6 3种帧的关系

当需要对时间轴上帧的属性进行修改时,在此帧上单击鼠标右键,在弹出的对话框中可以对帧进行调节,如图2-7所示。

通过对帧概念的了解,使大家明白动画必须由帧运动来形成。在Flash动画中3种最基本动画之一的逐帧动画就是由一帧一帧的运动而形成的。

逐帧动画需要一帧一帧的绘制，因此工作量比较大。但逐帧动画通常被用在制作传统的 2D 动画中，而且经常被使用，如图 2-8 所示。

图 2-7 帧属性的设置

图 2-8 逐帧动画

逐帧动画对刻画人物或者动物的动作很到位，因此要表现的走、跑和跳等一些很精细的动作时，都是用逐帧动画来完成的，如图 2-9 所示。

图 2-9 鸡的走路动画

在制作 Flash 动画时，如需完成人物或动物的走路和跑步等动作时，就要用到"绘图纸"功能。

"绘图纸"是定位和编辑动画的辅助功能，这个功能对制作逐帧动画非常有用。一般情况下，Flash 在舞台中只能显示动画序列的单个帧，但使用"绘图纸"功能后，就可以在舞台上一次性查看多个帧。如图 2-10 所示为使用了"绘图纸"功能后的场景，当前帧上的内容用"全色彩"显示，其他的帧则以"半透明"显示，这些帧上的内容相互层叠在一起，使人感觉所有帧上的内容都是画在一个半透明的纸上。

"绘图纸"功能的各按钮介绍如下。

- "绘图纸外观"按钮　：单击此按钮，在时间轴的帧上方会出现绘图纸外观标记。拉动标记，可扩大或缩小显示范围，如图 2-11 所示。

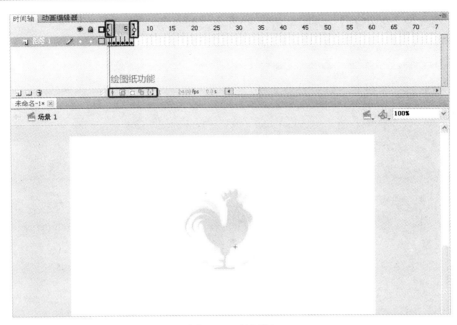

图 2-10 绘图纸

图 2-11 绘图纸外观

- "绘图纸外观轮廓"按钮 ：单击此按钮，场景中只显示各帧的轮廓线，特别适合观察轮廓，如图 2-12 所示。

图 2-12 绘图纸外观轮廓

- "编辑多个帧"按钮：单击此按钮后，则显示全部帧中的内容，并且可以对多个帧同时进行编辑，如图 2-13 所示。

图 2-13　编辑多个帧

- "修改绘图纸标记"按钮：单击按钮后，则弹出有 5 个命令选项的菜单，如图 2-14 所示。

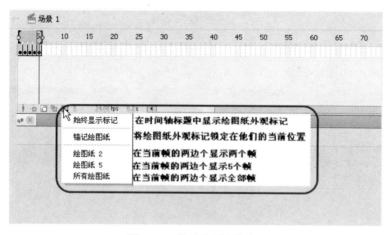

图 2-14　修改绘图纸标记

2.2.2　逐帧动画的基本操作方法

下面介绍逐帧动画的制作方法。

01 打开 Flash CS5 软件，选择"文件">"新建"命令，创建一个 Flash 文档，设置舞台大小为 550×400 像素。

02 在"工具"面板中选择"文本工具" T ，在舞台上输入文字"Adobe Flash CS5"，并且设置文本属性，"字体"为 Arial Black，字体大小为 57，字体"颜色"为黄色（#FFFFF00），如图 2-15 所示。

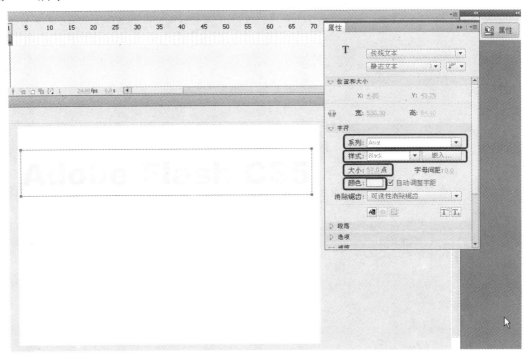

图 2-15　设置文字的属性

03 按"Ctrl+B"组合键将输入好的文字进行第一次打散，如图 2-16 所示。然后再按"Ctrl+B"组合键进行第二次打散，最终将静态文本变为可编辑的状态，如图 2-17 所示。

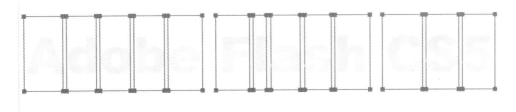

图 2-16　进行文字打散

图 2-17　文字打散后

04 在时间轴上第 2 帧处添加一个关键帧，并点选文字"5"，将其删除，如图 2-18 所示。

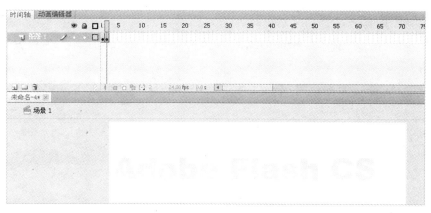

图 2-18　删除文字"5"

05　在时间轴的第 3 帧处添加一个关键帧，选择文字"S"，将其删除，如图 2-19 所示。

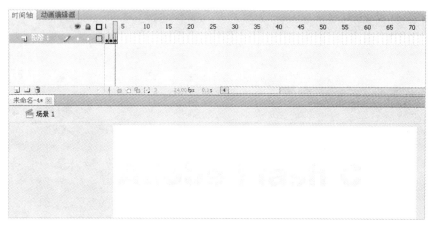

图 2-19　删除文字 S

06　按照先添加关键帧再删除对象的方法，依次将舞台上的文字删除，只保留字母"A"，如图 2-20 所示。

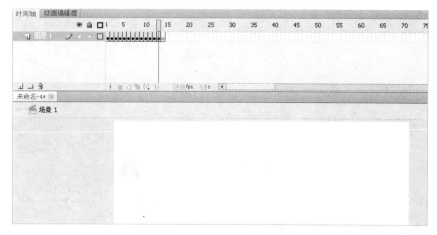

图 2-20　只保留字母"A"

07 拖动播放头就可以很清晰地看出字母是逐个消失的，但是由于动画的要求是需要字母逐个出现，因此必须将帧进行翻转。选择最后一个关键帧并按住鼠标左键向前拖动进行全部选中，单击鼠标右键在弹出的快捷菜单中选择"翻转帧"命令，将帧翻转，如图2-21所示。

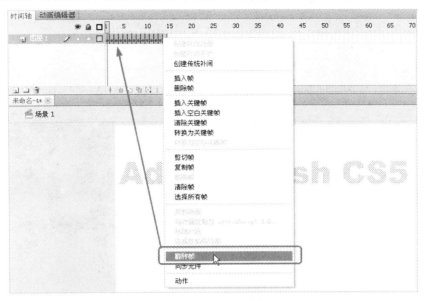

图 2-21　设置翻转帧

08 按"Ctrl+Enter"组合键生成预览，来观看所制作的动画。

 提示　　如果想将一排文字变为可单独编辑的状态时，需要按两次"Ctrl+B"组合键，将其打散两次。

2.3　补间动画

2.3.1　补间动画的概念

补间动画是 Flash 最基本的 3 种动画之一。补间动画包括形状补间动画和动画补间动画。补间动画只需要绘制起始帧和结束帧，中间的全部帧由补间来完成，如图 2-22 所示。

图 2-22　补间的生成

> 提示：要想实现补间动画就必须设定动画的开始帧和结束帧都是关键帧。如果有一个帧不是关键帧的话，补间动画将无法实现。

2.3.2 形状补间动画

形状补间动画就是将对象变形的动画，它只能用于属性为形状的对象。也就是说，形状补间动画是针对形状变化的动画。例如，从侧脸到正脸的转换，如图 2-23 所示。

图 2-23　形状补间动画

通过图 2-23 可以看出，如果是在传统的手绘动画中，要体现图 2-23 中（2～4）的图像是需要进行中间画绘制的，但在 Flash 动画中就可以利用形状补间动画来完成这个复杂的过程，只需要将人的侧脸和人的正脸分别放置在开始帧和结束帧的位置，中间的 2～4 帧就交给补间动画来完成。

掌握了形状补间动画的基本概念后，现在我们来尝试制作一个简单形状补间动画。

01　打开 Flash CS5 软件，选择"文件"＞"新建"命令，创建一个 Flash 文档，设置"舞台大小"为 550×450 像素，"背景"设置为黑色。

02　选择"工具"面板中的"椭圆工具"，在舞台的右下角绘制一个只有笔触颜色，没有填充颜色的黄色的圆形，如图 2-24 所示。

03　在时间轴上选择第 25 帧，按"F5"键将其延长，在第 26 帧处添加一个空白帧（按"F7"键），如图 2-25 所示。

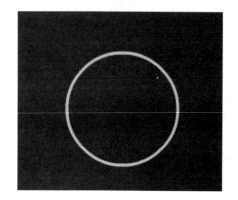

图 2-24　线框的圆形

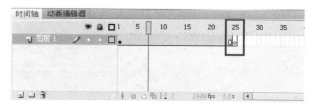

图 2-25　添加空白关键帧

04 选择第 26 帧，选择矩形工具▣，在舞台的左上角绘制一个正方形红色的线框，如图 2-26 所示。

05 绘制完后回到第 1 帧的位置，单击鼠标右键，在弹出的快捷菜单中，选择"创建形状补间"命令。此时在时间轴上会形成一个箭头，说明补间动画可以运行，如图 2-27 所示。

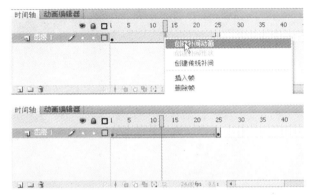

图 2-26　正方形线框　　　　　　　　图 2-27　创建补间动画

06 制作完成后，按"Ctrl+Enter"组合键生成预览，如图 2-28 所示。

 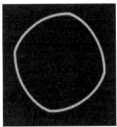 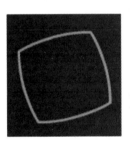 

图 2-28　由圆形到方形的形状补间

通过这个实例可以总结出形状补间动画有以下几个特点。

（1）形状补间动画必须由两个对象来完成，如图 2-29 所示。

图 2-29　两个不同的对象

（2）形状补间动画就是图像到图像的渐变过程和颜色到颜色的渐变过程，如图2-30所示。

图2-30　形状到形状和颜色到颜色的渐变

（3）形状补间动画必须由形状来完成，它在舞台上以点状形式显示，如图2-31所示。

（4）形状具有可编辑性，可以直接在舞台上进行修改，如图2-32所示。

图2-31　形状　　　　　　　　　　　图2-32　编辑后的公鸡

（5）形状补间动画在时间轴上以绿色条状显示，如图2-33所示。

形状补间动画的创建方法如下。

（1）在设定完开始帧和结束帧后，选择右键快捷菜单中的"创建补间形状"命令或者在"属性"面板中选择"补间"创建形状补间动画，如图2-34所示。

（2）在"属性"面板中，形状补间动画的属性调节，如图2-35所示。

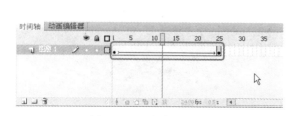

图2-33　绿色条状显示

图2-34　创建补间动画　　　　　　　图2-35　属性调节

2.3.3 动画/动作补间动画

补间动画就是在动画中只出现同一对象的移动、缩放、旋转或者变色。补间动画就是针对同一对象的移动、缩放、旋转和变色的运动，如图 2-36 所示。

图 2-36　头像由大到小的变化

制作补间动画必须满足的条件是应用的对象必须是元件或组合对象。

掌握了基本的概念后，下面来制作一个简单的补间动画。

01 打开 Flash CS5 软件，选择"文件">"新建"命令，创建一个 Flash 文档，设置"舞台大小"为 550×450 像素，"背景"设置为黑色。

02 按"Ctrl+R"组合键导入一张位图图像。选择"任意变形"工具 调节位图的大小，将其放置到舞台的左上角，如图 2-37 所示。

图 2-37　导入位图

03 按"Ctrl+G"组合键，群组后位图图像的边缘会出现一个蓝色的外框，如图 2-38 所示。

图 2-38　组合

04 在时间轴的第 20 帧处，按"F6"键插入关键帧，并选择群组后的位图图像，将其移动到舞台的右下角，选择"任意变形工具" 将其缩小，如图 2-39 所示。

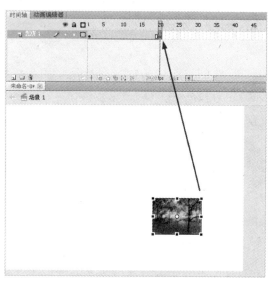

图 2-39　移动动画目标

05　回到时间轴的第 1 帧处，单击鼠标右键，在弹出的快捷菜单中选择"创建补间动画"命令，此时在时间轴上出现箭头，补间动画形成，如图 2-40 所示。

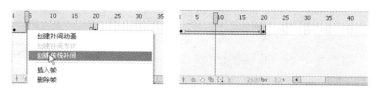

图 2-40　创建补间动画

06　制作完成后，按"Ctrl+Enter"组合键生成预览，如图 2-41 所示。

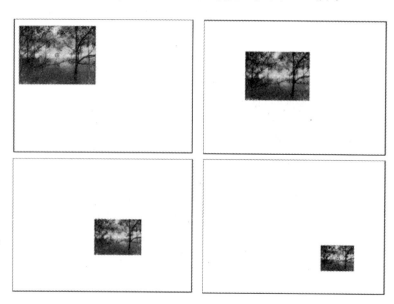

图 2-41　最终效果

通过这个实例我们可以总结出补间动画有以下几个特点。

（1）补间动画是用一个对象来完成的，如图 2-42 所示。

图 2-42　一个对象

（2）补间动画就是对一个对象进行放大、缩小、移动和旋转的过程，如图 2-43 所示。

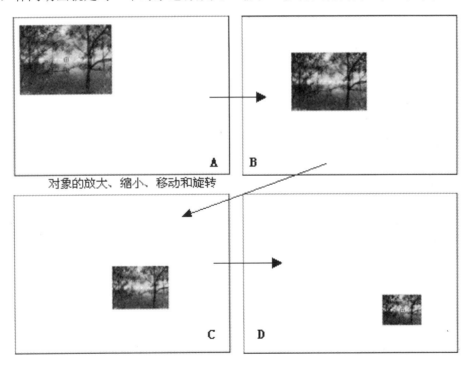

图 2-43　移动对象的过程

（3）补间动画必须由组合对象或元件来完成，它在舞台上始终有一个蓝色外框的形式显示，如图 2-44 所示。

（4）组和元件不具有可编辑性，不可以直接在舞台上进行修改。

（5）补间动画在时间轴上以淡紫色条显示，如图 2-45 所示。

图 2-44　蓝色外框

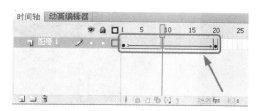

图 2-45　动画补间的显示状态

动画补间动画的创建方法如下。

（1）设定开始帧和结束帧后，选择右键快捷菜单中的"创建传统补间"命令或在"属性"面板中选择"补间"创建补间动画，如图 2-46 所示。

图 2-46　补间创建与属性调整

（2）在"属性"面板中，调节补间动画的属性，如图 2-47 所示。

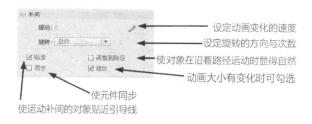

图 2-47　属性的调节

2.4　逐帧动画和补间动画的综合运用

通过综合实例的练习，可以使我们对所学的 3 种基本动画知识有更加深入的理解，下面来创建一个公鸡走路的动画。

01 打开 Flash CS5 软件，选择"文件">"新建"命令，创建一个 Flash 文档，设置"尺寸"为 300×245 像素，"背景颜色"为#FFFFFF，"帧频"为 12fps。

02 选择"钢笔工具"，绘制一只黄色的公鸡图案，如图 2-48 所示。

03 单击绘制好的公鸡，按"F8"键将其转换为元件，然后选择"类型"将其转换为影片剪辑，如图 2-49 所示。

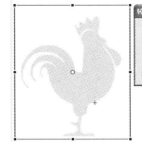

图 2-48 绘制　　　　　　　　　　　　图 2-49 转换为元件

04 双击进入"影片剪辑"编辑区，在影片剪辑区内制作一段公鸡走路的逐帧动画。在第 2 帧上按"F6"键添加一个关键帧，将公鸡站立的姿势改变成走路的姿势，如图 2-50 所示。

05 第 3 帧和第 4 帧的制作方法和第 2 帧的制作方法类似，此时需要注意的是，要将绘图纸功能打开，以便动画的绘制，如图 2-51 所示。

图 2-50 编辑动画　　　　　　　　　　图 2-51 依次编辑

06 在第 5 帧上按"F7"键添加一个空白关键帧，在第 1 帧上按"Ctrl+C"组合键对对象进行复制，按"Ctrl+Shift+V"组合键回到第 5 帧原地粘贴一个相同的对象，如图 2-52 所示。

07 直接单击"场景"按钮，回到场景，新建一个图层 2。将图层 2 放置到图层 1 的下面，并且将图层 1 的公鸡放置到舞台的左下角，如图 2-53 所示。

08 将时间轴上的两个图层全部延长到第 25 帧，在图层 1 的第 25 帧处添加一个关键帧，选择第 25 帧，将舞台上的公鸡移向舞台的右下角，如图 2-54 所示。

图 2-52 终结帧

图 2-53 调整

图 2-54 调整位置

09 回到图层 1 的第 1 帧处,创建动画补间动画。

10 在图层 2 上导入一张位图图像或者自己绘制一张风景图像作为公鸡动画的背景,如图 2-55 所示。

11 按"Ctrl+Enter"组合键生成预览,来观看所制作的动画。

在制作补间动画时,如果时间轴上出现虚线,则表示补间动画被打断或不完整。可能出现虚线的原因和解决方法如下。

(1)用错补间动画

解决方法:仔细检查所创建的应该是什么样的补间动画。如果是用形状制作的动画,在创建补间时,一定不能创建动画补间动画,否则时间轴上会出现虚线。

图 2-55 添加背景

(2)开始帧和结束帧不统一

解决方法:仔细检查开始帧和结束帧。如果开始帧是形状,结束帧是图形或组,中间的补间动画无法生成,会在时间轴上出现虚线。

(3)只有开始帧没有结束帧

解决方法:检查开始帧和结束帧是否存在。如果只有开始帧没有结束帧则无法形成补间,会在时间轴上出现虚线。

出现虚线的原因，如图 2-56 所示。

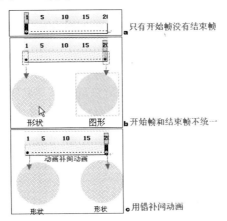

图 2-56　出现虚线的原因

2.5　习题

1．逐帧动画和补间动画有什么区别？
2．任意选择素材，使用逐帧动画和补间动画的方法制作一个动画。

第3章 "库"面板的管理和使用

"库"是 Flash 中重要的组成部分,它是用于管理和存放 Flash 中的元件。而元件则类似在舞台上进行表演的演员,通过对元件的管理、调配可以完成 Flash 动画的制作。本章将进行"库"面板的学习。

本章重点：
- 元件
- 实例
- 处理图像和声音
- "库"面板的使用

3.1 库、元件和实例

3.1.1 "库"面板

在制作 Flash 动画时，经常需要将所绘制的文件整合到一起，这时就需要一个管理者，在 Flash 中把这个管理者叫做"库"，"库"面板就是管理和存放 Flash 文件的。我们把存放在"库"中的对象称为元件，如图 3-1 所示。

如果制作动画的过程中需要用到某个元件的时候，可以直接从"库"面板中选中所要的元件，直接拖动到舞台上。尝试一下，选中一个元件，然后将其拖动到舞台上，如图 3-2 所示。

图 3-1 "库"面板

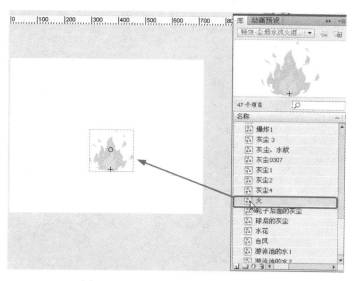

图 3-2 将元件从库中拖动到舞台上

3.1.2 元件和实例

在 Flash CS5 中可以创建的元件有图形元件、按钮元件和影片剪辑元件。每个元件都有自己的时间轴、场景和完整的图层。将"库"面板的元件拖动到舞台上，元件就转变成实例了。实例是元件在舞台上的具体应用。利用同一个元件可以创建若干个不同颜色、大小和功能的实例，如图 3-3 所示。

> **提示**：当元件被修改时，场景中的实例也随之更新。元件从"库"面板中拖到舞台时，其就变为舞台中所编辑的一个实例了。

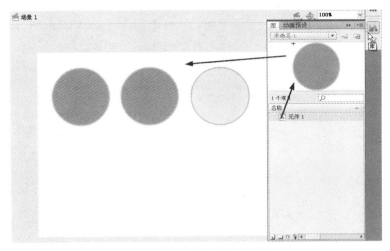

图 3-3　实例在舞台上的应用

创建元件的方法有两种，一种是直接在舞台上创建新元件（按"Ctrl+F8"组合键），另一种是在舞台上绘制一个形状，将这个形状符号转换为元件（按"F8"键），如图 3-4 和图 3-5 所示。

图 3-4　创建元件

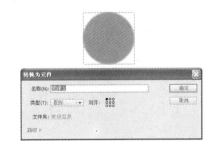

图 3-5　转换为元件

元件的类型分为 3 种，即图形元件、按钮元件和影片剪辑元件。下面分别讲述各个元件是如何使用的。

- 图形元件：用于制作静态图像及附属于主影片时间轴的可用的动画片段，如图 3-6 所示。
- 按钮元件：用于创建响应鼠标单击、滑过或其他动作的交互按钮，如图 3-7 和图 3-8 所示。最终效果参见本书所附光盘实例"按钮"。

图 3-6　图形元件

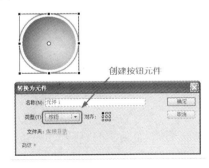

图 3-7　按钮元件

- 影片剪辑：用来制作可以重复使用的，独立于影片时间轴的动画片段。影片剪辑可以包括交互式控制、声音，甚至其他影片剪辑实例。也可以把影片剪辑实例放在按钮元件的时间轴中，以创建动画，如图3-9所示。影片剪辑在按钮中的应用可以参见本书所附光盘实例"按钮上的电影剪辑动画"。

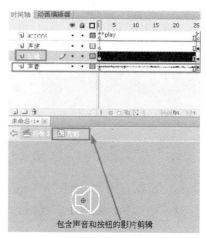

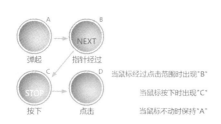

图3-8　按钮内部　　　　　　　　图3-9　影片剪辑

完成了元件创建，下面来介绍编辑元件的几种方法。

（1）在当前位置编辑元件，直接在舞台中双击元件实例，或者选中元件后选择"编辑">"在当前位置编辑"命令，进入元件编辑模式，如图3-10所示。

（2）在新窗口中编辑元件，单击编辑区上方的"编辑元件"按钮，从弹出的下拉列表中选择要编辑的元件，或者选中实例后选择"编辑">"编辑元件"命令，此时系统将打开一个单独的元件编辑窗口。

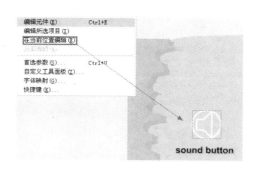

图3-10　在当前位置编辑

（3）在元件编辑模式下编辑元件，双击"库"面板中要编辑的元件图标，此时舞台中将显示该元件的元件编辑模式。

3.2　处理图像

在Flash CS5中不仅能使用矢量图，还能使用位图，所谓的位图就是由一系列像素组合而成的图像。由于位图获取非常方便，所以在Flash的创作中，许多时候也会使用位图素材。矢量图与位图对比，如图3-11所示。

矢量图是用包含ASCII码表示的命令和数据，它的存储空间小，而且放大无数倍后仍然不会影响分辨率。

图 3-11　矢量图与位图对比

位图是用像素的亮度和色彩值来表示的，也就是说，栅格划分得越密，对应的分辨率越高，图像的质量就越好。位图的文件通常很大，可以将位图转变为矢量图进行处理。

（1）采用分离的方式进行转换，如图 3-12 所示。

图 3-12　分离位图

（2）采用转换位图为矢量图的方式进行转换，如图 3-13 所示。

在"修改"菜单中选择"位图">"转换位图为矢量图"命令，调节对话框内的内容进行转换，如图 3-14 所示。

图 3-13　"修改"菜单　　　　　　　　图 3-14　将位图转换为矢量图

在图 3-14 中，对话框中每个选项的含义如下。

- 颜色阈值：设置转换时图形颜色容差度，值越小色彩过渡越柔和，转换速度越快。
- 最小区域：设置最小转换区域，小于该尺寸的色彩区域将被忽略，值越小，转换后的图形越精细；反之，数值越大，颜色显得更单纯。
- 曲线拟合：色块形状敏感度，选择非常平滑的话，可以减少线条拟合数，轮廓线变得更单调。
- 角阈值：色块边部的平滑程度。

3.3 处理声音

在 Flash 中，声音也是构成动画的重要组成部分，因此处理声音尤为重要。

在计算机中处理声音最基本的操作是采样。声音是以赫兹（Hz）为单位的，在采样中，每秒钟的采样数量（即采样率）和采样的波形值（采样尺寸）就决定了声音的质量。

在 Flash 中声音的使用类型有两种：流式声音和事件激发声音。"事件声音"必须在播放之前完全下载，它可以持续播放，直到有明确的指令时才停止播放。事件声音常常附着在按钮上，使按钮更具交互性。"流式声音"只需要下载开始的帧就可以播放，并且能和 Web 上播放的时间轴同步。通常流式声音被用来作为背景音乐。

1．导入声音文件

01 选择"文件"＞"导入"＞"导入到库"命令，如图 3-15 和图 3-16 所示。

 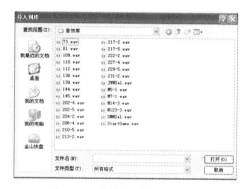

图 3-15　导入菜单　　　　　　　　　图 3-16　"导入到库"对话框

02 导入后声音文件将被自动放入"库"面板中，如图 3-17 所示。

2．添加声音

添加声音时必须为声音创建一个单独的图层，然后通过"属性"面板设置声音选项。如果希望声音从某帧开始播放，则必须将此帧设为当前帧。将声音拖动到舞台上，声音自动显示在图层上，如图 3-18 所示。

声音在图层上显示后，单击"属性"面板设置声音的属性，在"属性"面板中"声音"的下拉列表框中选择声音文件，如图 3-19 所示。

选择"效果"下拉列表框中的选项可以设置声音淡入、淡出、左声道和右声道等，如图 3-20 所示。

- 无：不使用任何声音效果。
- 左/右声道：仅使用左或右声道播放声音。
- 从左到右淡出/从右到左淡出：在两个声道间进行切换。

第 3 章 "库"面板的管理和使用

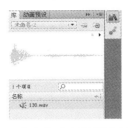

图 3-17 声音在"库"面板中的显示

图 3-18 声音在时间轴上的显示

图 3-19 声音属性

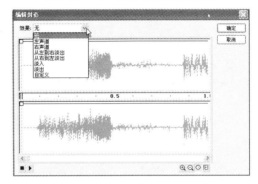

图 3-20 编辑封套

- 淡入/淡出：播放时声音逐渐加大或者减小。
- 自定义：可以使用"编辑封套"对话框调整左右声道。

选择"同步"来设置声音以什么样的方式播放，如图 3-21 所示。

- 事件、使声音与某个事件同步发生。当动画播放到某个关键帧时，附加到关键帧的声音开始播放。由于事件声音的播放与动画的时间轴无关，即使动画结束，声音也会完成播放，如果舞台上有多个声音文件，最终将听到混合声音的效果。
- 开始、与事件方式相同，其区别是，如果当前正在播

图 3-21 声音的播放属性

放该声音文件的其他实例，则在其他声音实例播放结束前，将不会播放该声音文件实例。
- 停止：使指定的声音静音。
- 数据流：在 Web 站点上播放影片时，使影片和声音同步。

 提示　"属性"面板中声音循环编辑框是设置声音循环的次数的。但流式声音的播放时间取决于它在"时间轴"中占据的帧数，因此不为流式声音设置循环。

3.4 "库"面板的使用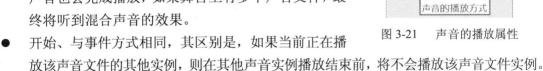

通过上面章节的学习，我们基本掌握了"库"面板的有关知识，下面将用一个实例来巩固所学的知识。

01 打开 Flash CS5 软件,选择"文件">"新建"命令,创建一个 Flash 文档。

02 确定"库"面板显示在舞台上,如果没有显示,可以按"Ctrl+L"组合键将其打开,并且在浮动面板中显示。

03 按"Ctrl+R"组合键打开"导入"对话框,选择一张位图元素,如图 3-22 所示。

04 位图会被导入到舞台上,实际上它同时也被导入到库中,如图 3-23 所示。

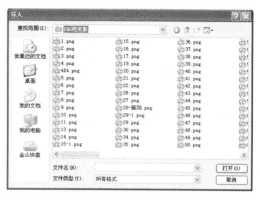

图 3-22 "导入"对话框

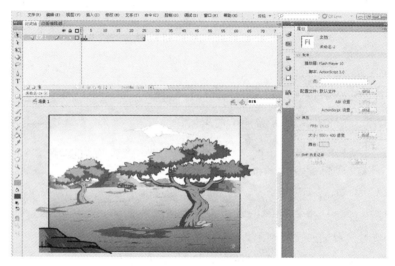

图 3-23 导入舞台的位图

05 如果想删除所导入的位图,在"库"面板中选择位图图像,按"Delete"键删除对象,这时舞台上的对象也随之被删除。

 提 示　如果是选择"文件">"导入">"导入到库"命令时,那么舞台上并不会出现所导入的对象,需要在"库"面板中将所导入的对象拖动到舞台上。这种导入的方法适合于一次性导入多个元素时使用。

3.5 习题

1. 什么是库、元件和实例?
2. 建立元件,并对元件进行编辑。
3. 尝试导入声音并进行编辑设置。

第 4 章 滤镜技术和混合技术

制作更精彩的 Flash 动画，经常运用滤镜技术和混合技术来实现很多视觉效果。当添加滤镜和混合效果后，可以使 Flash 动画加强视觉冲击力。本章将对滤镜和混合技术的应用加以探讨。

本章重点：
- 滤镜技术的简介
- 混合技术的简介
- 常用的滤镜和混合效果

4.1 滤镜技术

4.1.1 滤镜技术简介

如果使用过 Photoshop 的话，一定对滤镜功能很熟悉。但那只是位图图像处理软件，矢量图怎样能实现滤镜效果呢？在 Flash CS5 中，可以利用滤镜给文本、按钮和影片增添有趣的视觉效果。在 Flash CS5 中提供了投影、模糊、发光、斜角（浮雕）、渐变发光、简便斜角和调整颜色等多种滤镜效果，如图 4-1 所示。

图 4-1　各种滤镜效果

 提 示　滤镜效果只能应用在文本、按钮和影片剪辑上。

添加滤镜效果的方法如下。

01 在舞台上选择"文本工具" T 输入文字"Adobe"，然后用"选择工具" 选取文字，如图 4-2 所示。

图 4-2　输入文字

02 在"属性"面板中打开"滤镜"选项卡，单击"添加滤镜按钮" ，打开"滤镜"菜单，如图 4-3 所示。

第 4 章 滤镜技术和混合技术

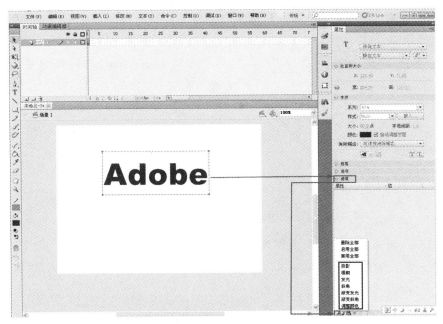

图 4-3 "滤镜"菜单

03 可以选择"滤镜"菜单上相对应的滤镜效果，然后设置滤镜属性。

4.1.2 "投影"滤镜

"投影"滤镜给对象添加投影效果，如图 4-4 所示。

图 4-4 "投影"滤镜

"投影"滤镜中的参数说明如下。
- 模糊：设置投影的高度和宽度。"模糊 X"和"模糊 Y"默认是锁定在一起的。
- 强度：设置阴影暗度，数值越大，阴影就越暗。
- 品质：选择投影的质量级别。设置为"高"近似于高斯模糊，设置为"低"可以获得最佳的回放性。
- 角度：输入数值来设置阴影的角度。
- 距离：设置阴影与对象之间的距离。

- 挖空：勾选"挖空"复选框，也就是在视觉上隐藏对象，在挖空图像上显示投影，如图 4-5 所示。

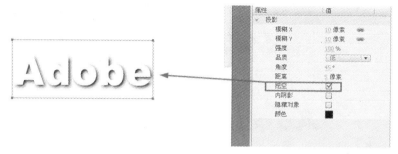

图 4-5　挖空效果

- 内阴影：勾选后，在对象边界内应用阴影。
- 隐藏对象：勾选后，只显示其阴影，如图 4-6 所示。
- 颜色：设置阴影的颜色。

图 4-6　隐藏对象效果

4.1.3　"发光"滤镜

（1）"发光"滤镜是给对象添加发光的效果，是对整个对象的边缘应用颜色，如图 4-7 所示。

图 4-7　"发光"滤镜

"发光"滤镜的参数说明如下。

- 模糊：设置发光的高度和宽度。"模糊 X"和"模糊 Y"是锁定在一起的，可保持默认状态。

- 强度：设置发光暗度，数值越大，发光范围就越大。
- 品质：选择发光的质量级别。设置为"高"近似于高斯模糊，设置为"低"可以获得最佳回放性。
- 颜色：设置发光的颜色。
- 挖空：勾选"挖空"复选框，也就是在视觉上隐藏对象，在挖空图像上显示发光效果，如图4-8所示。

图4-8 挖空效果

- 内发光：在对象边界内应用发光。

（2）"渐变发光"滤镜是用来给对象添加带渐变颜色的发光效果，如图4-9所示。

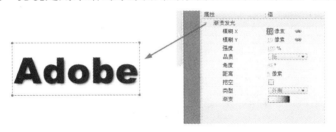

图4-9 "渐变发光"滤镜

设置"渐变发光"滤镜的参数如下。

"渐变发光"滤镜的参数设置与"发光"滤镜的设置基本类似，只是多了"渐变定义栏"，以调整渐变色的颜色。单击"渐变"选项弹出"渐变定义栏"，如图4-10所示。

图4-10 "渐变发光"滤镜的参数

4.1.4 "斜角"滤镜

（1）"斜角"滤镜就是给对象应用加亮的效果，使其看起来凸于背景表面，如图4-11所示。

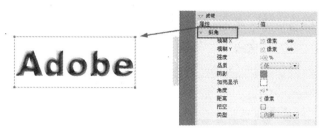

图 4-11 "斜角"滤镜参数设置

在"类型"选项中可以选择"内斜角"、"外斜角"或者是"整个"斜角,如图 4-12 所示。

图 4-12 "类型"选项

"斜角"滤镜的参数说明如下。

- 模糊:设置斜角的高度和宽度的。"模糊 X"和"模糊 Y"是锁定在一起的,可保持默认状态。
- 强度:设置斜角强度,数值越大,凸起效果越明显。
- 品质:选择斜角的质量级别。设置为"高"近似于高斯模糊,设置为"低"可以获得最佳回放性。
- 阴影:设置阴影的颜色。
- 加亮显示:设置加亮的颜色。
- 角度:输入数值来设置阴影的角度。
- 距离:设置阴影与对象之间的距离。
- 挖空:选择"挖空"复选框,也就是在视觉上隐藏对象,在挖空图像上显示投影,如图 4-13 所示。

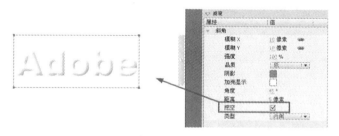

图 4-13 "斜角"滤镜的挖空效果

- 类型:选择斜角的样式。

(2)"渐变斜角"就是可以指定斜角的渐变颜色,如图 4-14 所示。

图 4-14 斜角的渐变颜色

"渐变斜角"滤镜的参数说明如下。

"渐变斜角"滤镜的参数设置与斜角效果的设置基本类似,只是多了"渐变定义栏",用于调整渐变色的颜色,如图 4-15 所示。

图 4-15　渐变斜角参数设置

4.1.5　"模糊"滤镜

"模糊"滤镜是用来给对象添加模糊效果的,用来柔化对象的边缘和细节,如图 4-16 所示。

图 4-16　"模糊"滤镜

"模糊"滤镜的参数说明如下。
- 模糊:设置模糊的高度和宽度。"模糊 X"和"模糊 Y"是锁定在一起的。
- 品质:选择模糊的质量级别。设置为"高"近似于高斯模糊,设置为"低"可以获得最佳回放性。

4.1.6　"调整颜色"滤镜

"调整颜色"滤镜就是可以改变对象的亮度、对比度、色相和饱和度,如图 4-17 所示。

图 4-17　调整颜色滤镜

"调整颜色"滤镜的参数说明如下。
- 亮度：调整对象的亮度。
- 对比度：调整对象的加亮、阴影及中间调。
- 饱和度：调整颜色的强度。
- 色相：调整颜色的深浅。

4.2 混合技术

4.2.1 混合技术的应用

混合模式是改变两个或者两个以上重叠对象的透明度或相互的颜色关系的过程，此功能只应用于影片剪辑元件和按钮元件。使用这个功能，可以创建复合图像，可以混合重叠影片剪辑或者按钮的颜色，创造出特殊效果。

1．混合模式只作用于影片剪辑和按钮

混合模式必须是应用在影片剪辑元件和按钮元件上的，如图 4-18 所示。

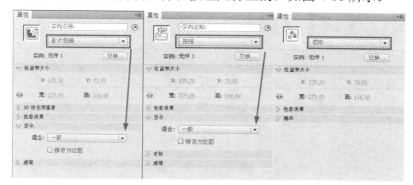

图 4-18　应用于按钮和影片剪辑

2．颜色选项下拉列表中的含义

在"属性"面板中，可以调整影片剪辑的颜色和透明度，如图 4-19 所示。

图 4-19　调整影片剪辑的颜色和透明度

(1)无:不设置任何颜色效果。
(2)亮度:调整实例的亮度。数值越高,实例的亮度越亮,如图4-20所示。

图4-20　亮度调整

(3)色调:改变颜色色调。可以直接改变颜色,也可以输入数值进行颜色的设置,如图4-21所示。

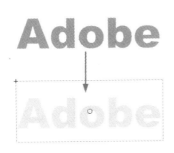 

图4-21　调整色调

(4)Alpha:调整实例的透明度。数值越小,透明度越高,0%是全透明,100%是不透明,如图4-22所示。

图4-22　使用Alpha值调节透明度

(5)高级:选择"高级"选项后单击"设置"按钮,可以在弹出的"高级"参数面板中调节色调和透明度的数值,如图4-23所示。

3．混合选项下拉列表中的混合模式

在"属性"面板的"混合"下拉菜单中,选择影片剪辑的混合模式,如图4-24所示。

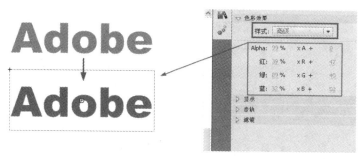

图 4-23 "高级"参数面板

混合模式主要包括一般、图层、变暗、正片叠底、变亮、滤色、叠加、强光、增加、减去、差值、反相、Alpha 和擦除等混合模式。

下面通过一个实例说明各模式的功能,在下面的章节具体讲解常用的 3 种混合模式:图层、Alpha 和擦除。

(1)在"素材"文件夹中导入一张树叶的位图,放置在舞台的左边,在舞台的右边绘制一个矩形,将其转换为影片剪辑元件(按"F8"键),如图 4-25 所示。

图 4-24 混合下拉列表　　　　图 4-25 素材

(2)将右边的影片剪辑拖动到树叶的右侧,然后为影片剪辑添加各混合模式。

- "一般":正常应用颜色,不与原本颜色有相互关系。
- "变暗":应用此模式,会查看对象中的颜色信息,并选择基色或混合色中较暗的颜色作为结果色。比混合色亮的像素被替换,比混合色暗的像素保持不变,如图 4-26 所示。
- "正片叠底":应用此模式,会查看到对象中的颜色信息,并将基色与混合色复合。结果色总是较暗的颜色。任何颜色与黑色复合产生黑色。任何颜色与白色复合保持不变,如图 4-27 所示。
- "变亮":应用此模式,会查看对象中的颜色信息,并选择基色或混合色中较亮的颜色作为结果色。比混合色暗的像素被替换,比混合色亮的像素保持不变,如图 4-28 所示。
- "滤色":将混合颜色的反色复合以基准颜色,实现漂白的效果,如图 4-29 所示。

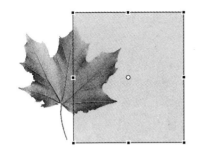

图 4-26　变暗效果　　　　　　　　　　　　图 4-27　正片叠底效果

图 4-28　变亮效果　　　　　　　　　　　　图 4-29　滤色效果

- "叠加"：复合或过滤颜色，具体取决于基色。图案或颜色在现有像素上叠加，同时保留基色的明暗对比。不替换基色，但基色与混合色相混以反映原色的亮度或暗度，如图 4-30 所示。
- "强光"：复合或过滤颜色，具体取决于混合色。此效果与耀眼的聚光灯照在图像上相似。如果混合色（光源）比 50%灰色亮，则图像变亮，就像过滤后的效果。这对于向图像中添加高光非常有用。如果混合色（光源）比 50%灰色暗，则图像变暗，就像复合后的效果。这对于向图像添加暗调非常有用。用纯黑色或纯白色绘画会产生纯黑色或纯白色，如图 4-31 所示。

图 4-30　叠加效果　　　　　　　　　　　　图 4-31　强光效果

- "差值"：从基准颜色中去除混合颜色或者从混合颜色中去除基准颜色。从亮度较高的颜色中去除亮度较低的颜色，具体取决于哪一个颜色的亮度值更大。与白色混合将反转基色值；与黑色混合则不产生变化，如图 4-32 所示。

- "增加"：在基准颜色的基础上增加混合颜色，如图 4-33 所示。

图 4-32　差值效果

图 4-33　增加效果

- "减去"：从基准颜色中去除混合颜色，如图 4-34 所示。
- "反相"：反相显示基准颜色，如图 4-35 所示。

图 4-34　减去效果

图 4-35　反相效果

4.2.2　图层混合模式

图层混合模式可以层叠各个影片剪辑，而不影响其颜色，如图 4-36 所示。

图 4-36　图层混合模式

4.2.3　Alpha 混合模式

Alpha 混合模式透明显示基准色，如图 4-37 所示。

提　示

"擦除"和"Alpha"混合模式要求将"图层"混合模式应用于父级影片剪辑，不能将背景剪辑更改为"擦除"，因为该对象将是不可见的。

图 4-37 Alpha 混合模式

4.2.4 擦除混合模式

擦除混合模式的功能是擦除影片剪辑中的颜色，显示下层的颜色，如图 4-38 所示。

图 4-38 擦除混合模式

下面制作一个由不同的混合模式形成的动画效果的综合实例。

01 打开 Flash CS5 软件，选择"文件">"新建"命令，创建一个 Flash 文档，设置"尺寸"为 550×400 像素，"背景颜色"为#FFFFFF。

02 在图层 1 的第 1 帧处，导入一张位图图像，并将图层 1 命名为"背景层"，如图 4-39 所示。

图 4-39 导入位图图像

03 单击 ⊒ 按钮新建一个图层 2，并导入一张位图，将其转换为影片剪辑（按"F8"键），如图 4-40 所示。

图 4-40　蝴蝶影片剪辑

04 在背景层和图层 2 的第 65 帧上，按"F6"键插入关键帧，然后在图层 2 的第 15、30、45 及 60 帧处插入关键帧，如图 4-41 所示。

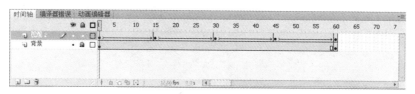

图 4-41　设置关键帧

05 分别设置各个关键帧上的图片混合模式为"变暗"、"正片叠底"、"变亮"、"增加"和"反相"，然后创建关键帧之间的补间动画。

06 按"Ctrl+Enter"组合键生成预览，观看所制作的动画。

4.3　习题

1. 创建 Flash 文件，建立图像，使用各种滤镜制作不同效果。
2. 根据树叶实例对蝴蝶进行编辑。

第5章 ActionScript 3.0 简介

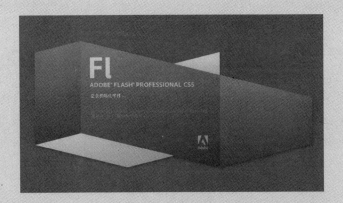

在 Flash 软件中，可通过 ActionScript 脚本语言，实现控制 Flash 动画中的对象。通过 ActionScript 脚本可创作出交互性更强的动画，合理地使用脚本可以减轻绘制的工作量，使动画更有趣味。

本章重点：
- 了解 ActionScript 的基本概念
- 脚本窗口的使用
- 脚本语言具体用法
- 常用脚本命令

5.1　ActionScript 3.0 基本概念

ActionScript 是 Flash 的脚本语言,是一种面向对象的编程语言。使用 ActionScript 可以控制 Flash 动画中的对象,创建导航元素和交互元素,扩展 Flash 创作交互动画和网络应用的能力。

与前期版本相同,Flash CS5 中动作脚本语言同时支持 ActionScript 2.0 和 ActionScript 3.0,动作之所以具有交互性,是通过按钮、关键帧和影片剪辑设置一定的"动作"来实现的。所谓"动作",指的是一套命令语句,当某事件发生或某条件成立时,就会发出命令来执行设置的动作。

5.2　"动作"面板和脚本窗口

下面来了解 ActionScript 的窗口,如图 5-1 所示。

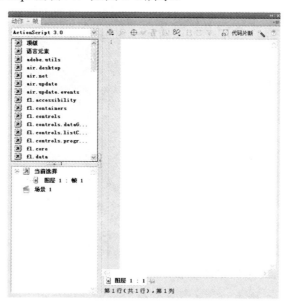

图 5-1　ActionScript 窗口

"动作"面板会因为动作脚本设置对象的不同,而出现"动作-帧"面板、"动作-按钮"面板和"动作-影片剪辑"面板。

- "动作-帧"面板:表示设置所选关键帧的脚本。
- "动作-按钮"面板:表示是设置在按钮上的脚本。
- "动作-影片剪辑"面板:表示是设置在影片剪辑上的动作脚本。
- "动作"面板由两部分组成:一部分是动作工具箱,另一部分是脚本窗口。

第 5 章　ActionScript 3.0 简介

（1）动作脚本工具箱中包含：全局函数、全局属性、运算符、语句、ActionScript 3.0 类、编译器指令、常数、类型、否决的、数据组件、组件、屏幕和索引等，用鼠标单击就可以直接添加到脚本窗口中。

（2）脚本窗口：是用来输入动作语句，除了可以在动作脚本工具箱中双击来添加，也可以直接在脚本窗口中输入程序，如图 5-2 所示。

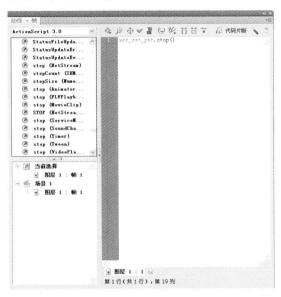

图 5-2　脚本窗口

脚本窗口上有很多个功能，只要把鼠标移动到这些按钮上，就会出现描述按钮功能的文本，接下来对这些功能进行简单介绍，如图 5-3 所示。

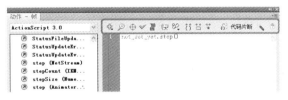

图 5-3　功能介绍

- ：将新项目添加到脚本中。
- ：查找。
- ：插入目标路径。
- ：语法检查器。
- ：自动套用格式。
- ：显示代码提示。
- ：调试选项。
- ：折叠成对大括号。
- ：折叠所选。

- ：展开全部。
- 代码片断：代码片断。
- ：通过从"动作"工具箱选择项目来编写脚本，如图5-4所示。

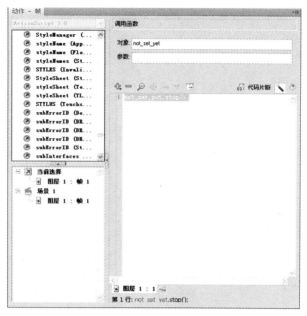

图 5-4　从"动作"工具箱选择项目来编写脚本

5.3　写入程序的位置

选择所要添加动作脚本的帧、按钮或者影片剪辑。中间的位置就是写入脚本的位置，如图 5-5 所示。

图 5-5　写入程序

动作部分的 Action 是用来控制影片播放状态的脚本集合。

5.3.1 控制帧、按钮和影片剪辑动画的脚本

可以在脚本窗口中写入的脚本语言具体用法如下。

1．影片控制

1）goto

语法：gotoAndPlay(scene, frame)

参数：scene 播放头将转到场景的名称。frame 播放头将转到帧的编号或标签。

描述：动作，将播放头转到场景中指定的帧并从该帧开始播放。如果未指定场景，则播放头将转到当前场景中的指定帧。

2）on

语法：on(mouseEvent) {statement(s);}

参数：statement(s)是指发生 mouseEvent 时要执行的指令。

mouseEvent 是"事件"触发器。当发生此事件时，执行事件后面花括号中的语句。可为 mouseEvent 参数指定下面的任何值。

- press：在鼠标指针经过按钮时按下鼠标。
- release：在鼠标指针经过按钮时释放鼠标按钮。
- releaseOutside：当鼠标指针在按钮之内时按下按钮后，将鼠标指针移到按钮之外，此时释放鼠标。
- rollOut：鼠标指针移出按钮区域。
- rollOver：鼠标指针滑过按钮。
- dragOut：在鼠标指针滑过按钮时按下鼠标，然后滑出此按钮区域。
- dragOver：在鼠标指针移过按钮时按下鼠标，然后移出此按钮，再移回此按钮。
- keyPress(key)：按下指定的 key。此参数的 key 部分可使用 Flash "键盘键和键控代码值"中所列的任何键控代码进行指定，或者使用 key 对象属性摘要中列出的任何键常量进行指定。

描述：事件处理函数；指定触发动作的鼠标事件或按键事件。

3）play

语法：play()

描述：动作，在时间轴中向前移动播放头。

4）stop

语法：stop

描述：动作，停止当前正在播放的影片。此动作最通常的用法是用按钮控制影片剪辑。

5）stopAllSounds

语法：stopAllSounds()

描述：动作，在不停止播放头的情况下，停止影片中当前正在播放的所有声音。设置到流的声音在播放头移过它们所在的帧时将恢复播放。

2．浏览器/网络

该部分的 Action 是 Flash 用来与影片或外部文件进行交互操作的脚本集合。

1）fscommand

语法：fscommand("command"，"parameters")

参数：command。parameters 一个传递给宿主应用程序用于任何用途的字符串；或者一个传递给 Flash Player 的值。

描述：动作，使 Flash 影片能够与 Flash Player 或承载 Flash Player 的程序（如 Web 浏览器）进行通信。还可使用 fscommand 动作将消息传递给 Director，或者传递给 VB、VC++和其他可承载 ActiveX 控件的程序。

2）getURL

语法：getURL(url [, window [, "variables"]])

参数：url 可从该处获取文档的 URL。

window 一个可选参数，指定文档应加载到其中的窗口或 HTML 框架。可输入特定窗口的名称，或从下面的保留目标名称中选择：_self 指定当前窗口中的当前框架；_blank 指定一个新窗口；_parent 指定当前框架的父级；_top 指定当前窗口中的顶级框架；variables 用于发送变量的 GET 或 POST 方法。如果没有变量，则省略此参数。GET 方法将变量追加到 URL 的末尾，该方法用于发送少量变量。POST 方法在单独的 HTTP 标头中发送变量，该方法用于发送长的变量字符串。

描述：动作，将来从特定 URL 的文档加载到窗口中，或将变量传递到位于所定义 URL 的另一个应用程序中。若要测试此动作，请确保要加载的文件位于指定的位置。若要使用绝对 URL，则需要网络连接。

3）loadMovie

语法：loadMovie("url",level/target[, variables])

参数：url 要加载的 SWF 文件或 JPEG 文件的绝对或相对 URL。

target 指向目标影片剪辑的路径。目标影片剪辑将替换为加载的影片或图像。只能指定 target 影片剪辑或目标影片的 level 这两者之一。

level 一个整数，指定 Flash Player 中影片将被加载到的级别。在将影片或图像加载到级别时，标准模式下"动作"面板中的 loadMovie 动作将切换为 loadMovieNum；在专家模式下，必须指定 loadMovieNum 或从"动作"工具箱中选择它。

variables 为一个可选参数，指定发送变量所使用的 HTTP 方法。该参数必须是字符串 GET 或 POST。

描述：动作，在播放原始影片的同时将 SWF 或 JPEG 文件加载到 Flash Player 中。loadMovie 动作可以同时显示几个影片，并且无须加载另一个 HTML 文档就可在影片之间切换。

使用 unloadMovie 动作可删除使用 loadMovie 动作加载的影片。

4）loadVariables

语法：loadVariables ("url",level/"target"[, variables])

参数：url 变量所处位置的绝对或相对 URL。

level 指定 Flash Player 中接收这些变量级别的整数。参数具体用法同 loadmovie。

target 指向接收所加载变量的影片剪辑的目标路径。

variables 为一个可选参数，指定发送变量所使用的 HTTP 方法。

描述：动作，从外部文件（例如，文本文件，或由 CGI 脚本、ASP、PHP 脚本生成的文本）读取数据，并设置 Flash Player 级别或目标影片剪辑中变量的值。此动作还可用于使用新值更新活动影片中的变量。

5）unloadMovie

语法：unloadMovie[Num](level/"target")

参数：level 加载影片的级别(_levelN)。从一个级别卸载影片时，在标准模式下，"动作"面板中的 unloadMovie 动作切换为 unloadMovieNum；在专家模式下，必须指定 unloadMovieNum，或者从"动作"面板中选择它。

target 影片剪辑的目标路径。

描述：动作，从 Flash Player 中删除一个已加载的影片或影片剪辑。

3．影片编辑控制

1）duplicateMovieclip

语法：duplicateMovieClip(target, newname,depth)

参数：target 要复制的影片剪辑的目标路径。

newname 复制的影片剪辑的唯一标识符。

depth 复制的影片剪辑的唯一深度级别。深度级别是复制的影片剪辑的堆叠顺序。这种堆叠顺序很像时间轴中图层的堆叠顺序；较低深度级别的影片剪辑隐藏在较高堆叠顺序的剪辑之下。必须为每个复制的影片剪辑分配一个唯一的深度级别，以防止它替换现有深度上的影片。

描述：动作，当影片正在播放时，创建一个影片剪辑的实例。无论播放头在原始影片剪辑（或"父级"）中处于什么位置，复制的影片剪辑的播放头始终从第 1 帧开始。如果删除父影片剪辑，则复制的影片剪辑也被删除。

2）onClipEvent

语法：onClipEvent(movieEvent){
    statement(s);
}

参数：movieEvent 是一个称为"事件"的触发器。当事件发生时，执行该事件后面花括号中的语句。可以为 movieEvent 参数指定下面的任何值。

- load：影片剪辑一旦被实例化并出现在时间轴中时，即启动此动作。
- unload：在从时间轴中删除影片剪辑之后，此动作在第 1 帧中启动。处理与 unload 影片剪辑事件关联的动作之前，不向受影响的帧附加任何动作。
- enterFrame：以影片帧频不断地触发此动作。首先处理与 enterFrame 剪辑事件关联的动作，然后才处理附加到受影响帧的所有帧动作脚本。
- mouseMove：每次移动鼠标时启动此动作，_xmouse 和_ymouse 属性用于确定当前鼠标位置。
- mouseDown：当按下鼠标左键时，启动此动作。
- mouseUp：当释放鼠标左键时，启动此动作。
- keyDown：当按下某个键时启动此动作。使用 Key.getCode 方法获取最近按下的键的相关信息。
- keyUp：当释放某个键时，启动此动作。使用 Key.getCode 方法获取最近按下的键的相关信息。

data 当在 loadVariables 或 loadMovie 动作中接收数据时启动此动作。当与 loadVariables 动作一起指定时，data 事件只发生一次，即加载最后一个变量时。当与 loadMovie 动作一起指定时，获取数据的每一部分时，data 事件都重复发生。

statement(s)为发生 mouseEvent 时要执行的指令。

描述：事件处理函数；触发为特定影片剪辑实例定义的动作。

3）removeMovieClip

语法：removeMovieClip(target)

参数：target 用 duplicateMovieClip 创建的影片剪辑实例的目标路径，或者用 MovieClip 对象的 attachMovie 或 duplicateMovieClip 方法创建的影片剪辑的实例名。

描述：动作，删除用 MovieClip 对象的 attachMovie 或 duplicateMovieClip 方法创建，或者用 duplicateMovieClip 动作创建的影片剪辑实例。

4）setProperty

语法：setProperty("target",property,value/expression)

参数：target 到要设置其属性的影片剪辑实例名称的路径。

property 要设置的属性。

value 属性的新文本值。

expression 计算结果为属性新值的公式。

描述：动作，当影片播放时，更改影片剪辑的属性值。

5）startDrag

语法：startDrag(target,[lock ,left ,top ,right,bottom])

参数：target 要拖动的影片剪辑的目标路径。

lock 一个布尔值，指定可拖动影片剪辑是锁定到鼠标位置中央（true），还是锁定到用户首次点击该影片剪辑的位置上（false）。此参数是可选的。

left、top、right、bottom 相对于影片剪辑父级坐标的值，这些坐标指定该影片剪辑的约束矩形。这些参数是可选的。

描述：动作，使 target 影片剪辑在影片播放过程中可拖动。一次只能拖动一个影片剪辑。执行 startDrag 动作后，影片剪辑将保持可拖动状态，直到被 stopDrag 动作明确停止为止，或者直到为其他影片剪辑调用了 startDrag 动作为止。

6）stopDrag

语法：stopDrag()

描述：动作，停止当前的拖动操作。

7）updateAfterEvent

语法：updateAfterEvent()

描述：动作，当在 onClipEvent 处理函数中调用它时，或作为传递给 setInterval 的函数或方法的一部分进行调用时，该动作更新显示（与为影片设置的每秒帧数无关）。如果对 updateAfterEvent 的调用不在 onClipEvent 处理函数中，也不是传递给 setInterval 的函数或方法的一部分，则 Flash 忽略该调用。

4．变量

该部分 Action 是 Flash 脚本语言中的变量及对应操作的脚本集合。

1）delete

语法：delete reference

参数：reference 要消除的变量或对象的名称。

描述：运算符，销毁由 reference 参数指定的对象或变量，如果该对象被成功删除，则返回 true；否则，返回 false。

2）set variable

语法：set(variable,expression)

参数：variable 保存 expression 参数值的标识符；expression 分配给变量的值。

描述：动作，为变量赋值。variable 是保存数据的容器。变量可以保存任何类型的数据（例如，字符串、数字、布尔值、对象或影片剪辑）。每个影片和影片剪辑的时间轴都有自己的变量集，每个变量又都有自己独立于其他时间轴上的变量的值。

3）var

语法：var variableName1 [= value1][...,variableNameN [=valueN]]

参数：variableName 标识符；value 分配给变量的值。

描述：动作，用于声明局部变量。如果在函数内声明局部变量，那么变量就是为该函数定义的，且在该函数调用结束时到期。如果变量不是在块（{}）内声明的，但使用 call 动作执行该动作列表，则该变量为局部变量，且在当前列表结束时到期。如果变量不是在块中声明的，且不使用 call 动作执行当前动作列表，则这些变量不是局部变量。

4）with

语法：with (object) {

statement(s);

}

参数：object 动作脚本对象或影片剪辑的实例；statement(s)为花括号中包含的动作或一组动作。

描述：动作，允许使用 object 参数指定一个对象（如影片剪辑），并使用 statement(s)参数计算对象中的表达式和动作。这可以使用户不必重复书写对象的名称或路径。

5．条件/循环

该部分 Action 是 Flash 脚本中如何操作影片逻辑的脚本集合。

1）break

语法：break

描述：动作，出现在一个循环（for、for..in、do while 或 while 循环）中，或者出现在与 switch 动作内特定 case 语句相关联的语句块中。break 动作可命令 Flash 跳过循环体的其余部分，停止循环动作，并执行循环语句之后的语句。当使用 break 动作时，Flash 解释程序会跳过该 case 块中的其余语句，转到包含它的 switch 动作后的第一个语句。使用 break 动作可跳出一系列嵌套的循环。

2）case

语法：case expression: statements

参数：expression 任何表达式；statements 任何语句。

描述：关键字，定义用于 switch 动作的条件。如果 case 关键字后的 expression 参数在使用全等（===）的情况下等于 switch 动作的 expression 参数，则执行 statements 参数中的语句。如果在 switch 语句外部使用 case 动作，则将产生错误，脚本不能编译。

3）continue

语法：continue

描述：动作，出现在几种类型的循环语句中；它在每种类型的循环中的行为方式各不相同。

在 while 循环中，continue 可使 Flash 解释程序跳过循环体的其余部分，并转到循环的顶端（在该处进行条件测试）。在 do while 循环中，continue 可使 Flash 解释程序跳过循环体的其余部分，并转到循环的底端（在该处进行条件测试）。在 for 循环中，continue 可使 Flash 解释程序跳过循环体的其余部分，并转而计算 for 循环的后表达式（post-expression）。在 for..in 循环中，continue 可使 Flash 解释程序跳过循环体的其余部分，并跳回循环的顶端（在此处处理下一个枚举值）。

4）Default

语法：default: statements

参数：statements 任何语句。

描述：关键字，定义 switch 动作的默认情况。对于一个给定的 switch 动作，如果该 switch 动作的 Expression 参数与 case 关键字后面的任何一个 Expression 参数都不相等（使用全等），则执行这些语句。

5）do…while

语法：do {

  statement(s)

} while (condition)

参数：condition 要计算的条件。

statement(s)只要 condition 参数计算结果为 true 就会执行的语句。

描述：动作，执行语句，然后只要条件为 true，就计算循环中的条件。

6）else

语法：else statement

else {...statement(s)...}

参数：ondition 计算结果为 true 或 false 的表达式。

statement(s)如果 if 语句中指定的条件为 false，则运行的替代语句系列。

描述：动作，指定当 if 语句中的条件返回 false 时要运行的语句。

7）else…if

语法：if (condition){

  statement(s);

} else if (condition){

  statement(s);

}

参数：condition 计算结果为 true 或 false 的表达式。

statement(s)如果 if 语句中指定的条件为 false，则运行的替代语句系列。

描述：动作，计算条件，并指定当初始 if 语句中的条件返回 false 时要运行的语句。如果 else…if 条件返回 true，则 Flash 解释程序运行该条件后面花括号（{}）中的语句。如果 else…if 条件为 false，则 Flash 跳过花括号中的语句，运行花括号之后的语句。在脚本中可以使用 else…if 动作创建分支逻辑。

8）for

语法：for(init; condition; next) {

  statement(s);

}

参数：init 为一个在开始循环序列前要计算的表达式，通常为赋值表达式。此参数还允许使用 Var 语句。

condition 计算结果为 true 或 false 的表达式。在每次循环迭代前计算该条件；当条件的计算结果为 false 时退出循环。

Next 为一个在每次循环迭代后要计算的表达式；通常为使用递增或递减运算符的赋值表达式。

statement(s)在循环体内要执行的指令。

描述：动作，一种循环结构，首先计算 init（初始化）表达式一次，只要 condition 的计算结果为 true，则按照以下顺序开始循环序列，执行 statement，然后计算 next 表达式。

9）For…in

语法：for(variableIterant in object){

　　statement(s);

　　}

参数：variableIterant 作为迭代变量的变量名，引用数组中对象或元素的每个属性。
object 要重复的对象的名称。
statement(s)要为每次迭代执行的指令。

描述：动作，循环通过数组中对象或元素的属性，并为对象的每个属性执行 statement。

10）if

语法：if(condition) {

　　statement(s);

　　}

参数：condition 计算结果为 true 或 false 的表达式。
statement(s)如果或当条件的计算结果为 true 时要执行的指令。

描述：动作，对条件进行计算以确定影片中的下一步动作。如果条件为 true，则 Flash 将运行条件后面花括号（{}）内的语句。如果条件为 false，则 Flash 跳过花括号内的语句，运行花括号后面的语句。使用 if 动作可在脚本中创建分支逻辑。

11）switch

语法：switch (expression){

　　caseClause:

　　[defaultClause:]

　　}

参数：expression 任意表达式。

caseClause 为一个 Case 关键字，其后跟表达式、冒号和一组语句，如果在使用全等的情况下，此处的表达式与 switch expression 参数相匹配，则执行这组语句。

efaultClause 为一个 default 关键字，其后跟着 Case 表达式都不与 switch expression 参数全等匹配时要执行的语句。

描述：动作，创建动作脚本语句的分支结构。像 if 动作一样，switch 动作测试一个条件，并在条件返回 true 时执行语句。

12）while

语法：while(condition) {
　　　statement(s);
　　　}

参数：condition 每次执行 while 动作时都要重新计算的表达式。如果该语句的计算结果为 true，则运行 statement(s)。

statement(s)条件的计算结果为 true 时要执行的代码。

描述：动作，测试表达式，只要该表达式为 true，就重复运行循环中的语句或语句序列。

6．用户定义的函数

该部分的 Action 可以通过用户自己组合开发更具灵活的程序脚本。

1）call

语法：call(frame)

参数：frame 时间轴中帧的标签或编号。

描述：动作，执行被调用帧中的脚本，而不将播放头移动到该帧。一旦执行完该脚本，局部变量将不存在。

2）call function

语法：object.function([parameters])

参数：object 其中定义了函数的对象（可以是影片剪辑）。

function 指定用户定义的函数的标识符。

parameters 可选参数，指示函数所需的任何参数。

描述：动作，允许在标准模式下，使用"动作"面板中的参数字段来调用用户定义的函数。

3）function

语法：function functionname ([parameter0, parameter1,...parameterN]){
　　　statement(s)
　　　}
function ([parameter0, parameter1,...parameterN]){
　　　statement(s)
　　　}

参数：functionname 新函数的名称。

parameter 一个标识符，表示要传递给函数的参数。这些参数是可选的。

statement(s)为 function 的函数体定义的任何动作脚本指令。

描述：定义的用来执行特定任务的一组语句。可以在影片的一个地方"声明"或定义函数，然后从影片的其他脚本调用它。定义函数时，还可以为其指定参数。参数是函数要对其进行操作的值的占位符。每次调用函数时，可以向其传递不同的参数。这使用户可以在不同场合重复使用一个函数。

4）method

语法：object.method = function ([parameters]) {
　　　　...body of function...
　　　};

参数：object 对象的标识符。

method 方法的标识符。

parameters 要传递给函数的参数。可选参数。

描述：动作（仅限标准模式），用于在标准模式下使用"动作"面板来定义对象的方法。

5）return

语法：return[expression]
　　　return

参数：expression 要作为函数值计算并返回的字符串、数字、数组或对象。此参数是可选的。

返回值：如果提供了 expression 参数，则返回计算的结果。

描述：动作，指定由函数返回的值。return 动作计算 expression 并将结果作为它在其中执行函数的值返回。return 动作导致函数停止运行，并用返回值代替函数。如果单独使用 return 语句，它返回 null。

5.3.2 函数

函数是 Flash 中至关重要的部分，是完成复杂的程序操作的必要组合。

1．常用函数

顾名思义，该部分的内容是介绍 Flash 中常用逻辑函数脚本集合。

1）escape

语法：escape(expression)

参数：expression 要转换为字符串并以 URL 编码格式进行编码的表达式。

描述：函数；将参数转换为字符串，并以 URL 编码格式进行编码，在这种格式中，将所有非字母数字的字符都转义为十六进制数序列。

2）eval

语法：eval(expression)

参数：expression 包含要获取的变量、属性、对象或影片剪辑名称的字符串。

描述：函数；按照名称访问变量、属性、对象或影片剪辑。如果 expression 是一个变量或属性，则返回该变量或属性的值。如果 expression 是一个对象或影片剪辑，则返回指向该对象或影片剪辑的引用。如果无法找到 expression 中指定的元素，则返回 undefined。

3）getProperty

语法：getProperty(instancename , property)

参数：instancename 要获取其属性的影片剪辑的实例名称。

Property 为影片剪辑的属性。

描述：函数；返回影片剪辑 instancename 的指定 property 的值。

4）getTimer

语法：getTimer()

描述：函数；返回自影片开始播放后已经过的毫秒数。

5）targetPath

语法：targetpath(movieClipObject)

参数：movieClipObject 对要获取其目标路径的影片剪辑的引用（例如，_root 或_parent）。

描述：函数；返回包含 movieClipObject 的目标路径的字符串。此目标路径以点记号表示形式返回。若要获取以斜杠记号表示的目标路径，请使用_target 属性。

6）unescape

语法：unescape(x)

参数：x 为要转义的十六进制序列字符串。

描述：顶级函数；将参数 x 作为字符串计算，将该字符串从 URL 编码格式（这种格式将所有十六进制序列转换为 ASCII 字符）进行解码，并返回该字符串。

2．数学函数

该部分的 Action 帮助开发人员完成程序中的数学运算。

1）isFinite

语法：isFinite(expression)

参数：expression 要计算的布尔表达式、变量表达式或其他表达式。

描述：顶级函数；对 expression 进行计算，如果其为有限数，则返回 true；如果为无穷大或负无穷大，则返回 false。无穷大或负无穷大的出现指示有错误的数学条件，例如，被 0 除。

2）isNaN

语法：isNaN(expression)

参数：expression 要计算的布尔表达式、变量表达式或其他表达式。

描述：顶级函数；对参数进行计算，如果值不是数字（NaN），则返回 true，指示存在数学错误。

3）parseFloat

语法：parseFloat(string)

参数：string 要读取并转换为浮点数的字符串。

描述：函数；将字符串转换为浮点数。此函数读取（或"分析"）并返回字符串中的数字，直到它到达不是数字（其初始含义为数字）部分的字符。如果字符串不是以一个可以分析的数字开始的，则 parseFloat 返回 NaN。有效整数前面的空白将被忽略，有效整数后面的非数值字符也将被忽略。

4）parseInt

语法：parseInt(expression, [radix])

参数：expression 转换为整数的字符串。

radix 表示要分析数字的基数（基）的整数。合法值为 2～36。此参数是可选的。

描述：函数；将字符串转换为整数。如果参数中指定的字符串不能转换为数字，则此函数返回 NaN。以 0 开头的整数或指定基数为 8 的整数被解释为八进制数。以 0x 开头的字符串被解释为十六进制数。有效整数前面的空白将被忽略，有效整数后面的非数值字符也将被忽略。

3．转换函数

该部分的 Action 是 Flash 用来处理内容格式转换的脚本集合。

1）Boolean(函数)

语法：Boolean(expression)

参数：expression 一个可转换为布尔值的表达式。

描述：函数；将参数 expression 转换为布尔值，并以如下形式返回值：

如果 expression 是布尔值，则返回值为 expression；如果 expression 是数字，则在该数字不为零时返回值为 true，否则为 false；如果 expression 是字符串，则调用 toNumber 方法，并且在该数字不为 0 时返回值为 true，否则为 false；如果 expression 未定义，则返回值为 false；如果 expression 是影片剪辑或对象，则返回值为 true。

2）Number(函数)

语法：Number(expression)

参数：expression 要转换为数字的表达式。

描述：函数；将参数 expression 转换为数字并按如下规则返回一个值：

如果 expression 为数字，则返回值为 expression；如果 expression 为布尔值，当 expression 为 true 时，返回值为 1，当 expression 为 false 时，返回值为 0；如果 expression 为字符串，则该函数尝试将 expression 解析为一个带有可选尾随指数的十进制数；如果 expression 为 undefined，则返回值为 0。

3）String(函数)

语法：String(expression)

参数：expression 要转换为字符串的表达式。

描述：函数；返回指定参数的字符串表示形式，规则如下所示：

如果 expression 为布尔值，则返回字符串为 true 或 false；如果 expression 是数字，则返回的字符串为此数字的文本表示形式；如果 expression 为字符串，则返回的字符串是 expression；如果 expression 是一个对象，则返回值为该对象的字符串表示形式，它是通过调用该对象的字符串属性而生成的，如果不存在此类属性，则通过调用 Object.toString 而生成；如果 expression

是一个影片剪辑，则返回值是以斜杠（/）记号表示的此影片剪辑的目标路径；如果 expression 为 undefined，则返回值为空字符串()。

5.3.3 常量

该部分的 Action 罗列出 Flash 中常用的常量脚本集合。

1）false

语法：false

描述：表示与 true 相反的唯一的布尔值。

2）newline

语法：newline

描述：常量；插入一个回车符，该回车符在动作脚本代码中插入一个空行。newline 可用来为代码中的函数或动作所获取的信息留出空间。

3）null

语法：null

描述：关键字；一个可以赋予变量或者可以在函数未提供数据时由函数返回的特殊值。可以使用 null 表示缺少的或者未定义数据类型的值。

4）true

语法：true

描述：表示 false 相反的唯一布尔值。

5）undefined

语法：undefined

描述：一个特殊值，通常用于指示变量尚未赋值。对未定义值的引用返回特殊值 undefined。动作脚本代码 typeof(undefined) 返回字符串"undefined"。undefined 类型的唯一值是 undefined。

当将 undefined 转换为字符串时，它转换为空字符串。undefined 值与特殊值 null 相似，事实上，当使用相等运算符对 null 和 undefined 进行比较时，它们的比较结果为相等。

5.3.4 属性

用 Flash 制作或开发动画，其中必不可少的就是使用脚本定义所有 movie 的属性。

1）MovieClip._alpha

语法：myMovieClip._alpha

描述：属性；设置或获取由 MovieClip 指定的影片剪辑的 Alpha 透明度（value）。有效值为 0（完全透明）～100（完全不透明）。如果影片剪辑的_alpha 设置为 0，虽然其中的对象不可见，但也是活动的。

2）MovieClip._currentframe

语法：myMovieClip._currentframe

描述：属性（只读）；返回由 MovieClip 指定的时间轴中播放头所处的帧的编号。

3）MovieClip._droptarget

语法：myMovieClip._droptarget

描述：属性（只读）；以斜杠语法记号表示法返回 MovieClip 放置到的影片剪辑实例的绝对路径。_droptarget 属性始终返回以斜杠（/）开始的路径。若要将实例的_droptarget 属性与引用进行比较，请使用 eval 函数将返回值从斜杠语法转换为点语法表示的引用。

4）MovieClip._focusrect

语法：myMovieClip._focusrect

描述：属性；一个布尔值，指定当影片剪辑具有键盘焦点时其周围是否有黄色矩形。该属性可以覆盖全局_focusrect 属性。

5）MovieClip._framesloaded

语法：myMovieClip._framesloaded

描述：属性（只读）；从影片流中已经加载的帧数。该属性可确定特定帧及其前面所有帧的内容是否已经加载，并且是否可在浏览器本地使用。该属性对于监视大影片的下载过程很有用。

6）MovieClip._height

语法：myMovieClip._height

描述：属性；以像素为单位设置和获取影片剪辑的高度。

7）MovieClip._name

语法：myMovieClip_name

描述：属性；返回由 MovieClip 指定影片剪辑的实例名称。

8）_quality

语法：_quality

描述：属性（全局）；设置或获取用于影片的呈现品质。设备字体始终是带有锯齿的，因此不受_quality 属性的影响。

9）MovieClip._rotation

语法：myMovieClip._rotation

描述：属性；以度为单位指定影片剪辑的旋转。

10）_soundbuftime

语法：_soundbuftime = integer

参数：integer 在影片开始进入流之前缓冲的秒数。

描述：属性（全局）；规定声音流缓冲的秒数。默认值为 5 秒。

11）MovieClip._target

语法：myMovieClip._target

描述：属性（只读）；返回 MovieClip 参数中指定的影片剪辑实例的目标路径。

12）MovieClip._totalframes

语法：myMovieClip._totalframes

描述：属性（只读）；返回 MovieClip 参数中指定的影片剪辑实例中的总帧数。

13）MovieClip._url

语法：myMovieClip._url

描述：属性（只读）；获取从中下载影片剪辑的 SWF 文件的 URL。

14）MovieClip._visible

语法：MovieClip._visible

描述：属性；一个布尔值，指示由 MovieClip 参数指定的影片是否可见。不可见的影片剪辑（_visible 属性设置为 false）处于禁用状态。例如，不能点击_visible 属性设置为 false 的影片剪辑中的按钮。

15）MovieClip._width

语法：MovieClip._width

描述：属性；以像素为单位设置和获取影片剪辑的宽度。

16）MovieClip._x

语法：MovieClip._x

描述：属性；设置影片坐标的整数，该坐标相对于父级影片剪辑的本地坐标。如果影片剪辑在主时间轴中，则其坐标系统将舞台的左上角作为(0, 0)。如果影片剪辑位于另一个具有变形的影片剪辑中，则该影片剪辑位于包含它的影片剪辑的本地坐标系统中。因此，对于逆时针旋转 90°的影片剪辑，该影片剪辑的子级将继承逆时针旋转 90°的坐标系统。影片剪辑的坐标指的是注册点的位置。

17）MovieClip._xmouse

语法：MovieClip._xmouse

描述：属性（只读）；返回鼠标位置的坐标。

18）MovieClip._xscale

语法：MovieClip._xscale

描述：属性；确定从影片剪辑的注册点开始应用的影片剪辑的水平缩放比例（percentage）。默认为(0,0)。

19）MovieClip._y

语法：MovieClip._y

描述：属性；设置影片的坐标，该坐标相对于父级影片剪辑的本地坐标。同 MovieClip._x。

20）MovieClip._ymouse

语法：MovieClip._ymouse

描述：属性（只读）；指示鼠标位置的坐标。

21）MovieClip._yscale

语法：MovieClip._yscale

描述：设置从影片剪辑注册点开始应用的该影片剪辑的垂直缩放比例（Percentage）。默认为 (0,0)。

5.3.5 对象

由于 Flash 的脚本编程方式符合 OO（面向对象）概念，所以对象的脚本集合也是开发者经常使用的。

1．核心对象

1）rguments

语法：arguments.callee

描述：属性；指当前被调用的函数。

2）rguments.caller

语法：arguments.caller

描述：属性；指进行调用的函数的 arguments 对象。

3）rguments.length

语法：arguments.length

描述：属性；实际传递给函数的参数数量。

4）rray

语法：new Array()

　　　　new Array(length)

　　　　new Array(element0, element1, element2,..., element$N$)

参数：length 一个指定数组中元素数量的整数。在元素不连续的情况下，length 参数指定的是数组中最后一个元素的索引号加 1。

element0...element$N$ 一个包含两个或多个任意值的列表。这些值可以是数字、字符串、对象或其他数组。数组中第一个元素的索引或位置始终为 0。

描述：Array 对象的构造函数；可以使用构造函数来创建不同类型的数组：空数组、具有特定长度，但其中元素没有值的数组或其中元素具有特定值的数组。

5）oolean

语法：new Boolean([x])

参数：x 为任何表达式。此参数是可选的。

描述：Boolean 为对象的构造函数；创建 Boolean 对象的实例。如果省略 x 参数，则将 Boolean 对象初始化为 false。如果为 x 参数指定值，则该方法会计算它，并根据 Boolean（函数）函数中的规则以布尔值返回结果。

6）ate

语法：new Date()

　　　new Date(year,month [,date [,hour[,minute [,second[,millisecond]]]]])

参数：year 为一个 0～99 之间的值，表示 1900—1999 年；如果年份不在上述范围内，则必须指定表示年份数的所有 4 位数字。

返回：整数

描述：Date 为对象的构造函数；构造一个新的 Date 对象，该对象保存当前日期和时间或指定的日期。

7）global

语法：_global.identifier

返回值：对包含核心动作脚本类的全局对象（例如 String、Object、Math 和 Array）的引用。

描述：标识符；创建全局变量、对象或类。

8）Math

语法：Math.abs(x)

参数：x 一个数字。

返回值：一个数字。

描述：方法；计算并返回由参数 x 指定的数字的绝对值。

9）Math.acos

语法：Math.acos(x)

参数：x 为一个介于-1.0～1.0 之间的数字。

描述：方法；以弧度为单位计算并返回参数 x 中指定的数字反余弦值。

10）Math.asin

语法：Math.asin(x)

参数：x 为一个介于-1.0～1.0 之间的数字。

描述：方法；以弧度为单位计算并返回参数 x 中指定数字的反正弦值。

11）Math.atan

语法：Math.atan(x)

参数：x 一个数字。

描述：方法；计算并返回参数 x 中指定数字的反正切值。返回值介于-pi/2～+pi/2 之间。

12）Math.atan2

语法：Math.atan2(y, x)

参数：x 为一个数字，指定点的 x 坐标。y 为一个数字，指定点的 y 坐标。

描述：方法；以弧度为单位计算并返回 y/x 的反正切值。返回值表示相对直角三角形对角的角，其中 x 是临边边长，而 y 是对边边长。

13）Math.sqrt

语法：Math.sqrt(x)

参数：x 为一个大于等于 0 的数字或表达式。

描述：方法；计算并返回指定数字的平方根。

14）Number

语法：myNumber = new Number(value)

参数：value 为要创建的 Number 对象的数值，或者要转换为数字的值。

描述：构造函数；新建一个 Number 对象。

15）Object

语法：new Object([value])

参数：value 为要转换为对象的数字、布尔值或字符串。此参数是可选的。如果未指定 value，则该构造函数创建一个未定义属性的新对象。

描述：Object 为对象的构造函数；新建一个 Object 对象。

16）String

语法：new String(value)

参数：value 为新 String 对象的初始值。

描述：String 为对象的构造函数；创建一个新 String 对象。

17）Sup

语法：super.method([arg1, ..., argN])

　　　super([arg1, ..., argN])

参数：method 要在超类中调用的方法。

arg1 为可选参数，这些参数或者传递给方法的超类版本，或者传递给超类的构造函数。

返回值：两种格式都调用一个函数，该函数可以返回任何值。

描述：运算符；第一种语法格式可以用于对象的方法体内，用以调用方法的超类版本，而且可以选择向超类方法传递参数(arg1...argN)。这对于创建某些子类方法很有用，这些子类方法在向超类方法添加附加行为的同时，又调用这些超类方法执行其原始行为。

第二种语法格式可以用于构造函数体内，用以调用此构造函数的超类版本，而且可以选择向它传递参数。这对于创建子类很有用，该子类在执行附加的初始化的同时，又调用超类构造函数执行超类初始化。

2．影片对象

1）Accessibility.isActive

语法：Accessibility.isActive()

返回值：布尔值

描述：方法；指示屏幕阅读器程序当前是否处于活动状态。当希望影片在有屏幕阅读器的情况下，行为方式不同时，可使用此方法。

2）Button.getDepth

语法：myButton.getDepth()

描述：方法；返回按钮实例的深度。

3）Button.enabled

语法：myButton.enabled

描述：属性；指定按钮是否处于启用状态的布尔值。默认值为 true。

4）Button.tabEnabled

语法：myButton.tabEnabled

描述：属性；可以对 MovieClip、Button 或 TextField 对象的实例设置该属性。默认情况下它是未定义的。

5）Button.tabIndex

语法：myButton.tabIndex

描述：属性；使用户可以自定义影片中对象的"Tab"键排序。可以对按钮、影片剪辑或文本字段实例设置 tabIndex 属性，默认情况下为 undefined。

6）Button.trackAsMenu

语法：myButton.trackAsMenu

描述：属性；指示其他按钮或影片剪辑是否可接收鼠标按钮释放事件的布尔值属性。这将允许用户创建菜单。可以设置任何按钮或影片剪辑对象的 trackAsMenu 属性。如果 trackAsMenu 属性不存在，则默认行为为 false。可以在任何时间更改 trackAsMenu 属性；修改后的按钮会立即采用新的行为。

7）myButton.useHandCursor

语法：myButton.useHandCursor

描述：属性；一个布尔值，当设置为 true 时，指示在用户用鼠标指针滑过按钮时是否显示手形光标。useHandCursor 的默认值为 true。如果 useHandCursor 属性设置为 false，则将改用箭头光标。可以在任何时间更改 useHandCursor 属性；修改后的按钮会立即采用新的光标行为。可以从原对象中读出 useHandCursor 属性。

8）System.capabilities.hasAudio

语法：System.capabilities.hasAudio

描述：属性；指示播放器是否具有音频功能的布尔值。默认值为 true。其服务器字符串为 A。

9）System.capabilities.hasAudioEncoder

语法：System.capabilities.hasAudioEncoder

描述：属性；音频解码器的数组。其服务器字符串为 AE。

10）System.capabilities.screenColor

语法：System.capabilities.screenColor

描述：属性；指示屏幕的颜色是彩色（color）、灰度（gray）还是黑白（bw）的。默认值为 color。其服务器字符串为 SC。

11）Color

语法：new Color(target)

参数：target 影片剪辑的实例名称。

描述：构造函数；为由 target 参数指定的影片剪辑创建 Color 对象的实例。然后可使用该 Color 对象的方法来更改整个目标影片剪辑的颜色。

12）_level

语法：_levelN

描述：属性；对_levelN 的根影片时间轴的引用。用户必须使用 loadMovieNum 动作将影片加载到 Flash Player 中以后，才可使用_level 属性来定位这些影片。还可使用_levelN 来定位由 N 所指定级别处的已加载影片。

加载到 Flash Player 实例中的初始影片会自动加载到_level0。_level0 中的影片为所有随后加载的影片设置帧频、背景色和帧大小。然后影片堆叠在处于_level0 的影片之上的更高编号级别中。

用户必须为每个使用 loadMovieNum 动作加载到 Flash Player 中的影片分配一个级别。可按任意顺序分配级别。如果分配的级别（包括_level0）中已经包含 SWF 文件，则处于该级别的影片将被卸载并替换为新影片。

13）_parent

语法：_parent.property

　　　_parent._parent.property

描述：属性；指定或返回一个引用，该引用指向包含当前影片剪辑或对象的影片剪辑或对象。当前对象是包含引用_parent 的动作脚本代码的对象。使用_parent 来指定一个相对路径，该路径指向当前影片剪辑或对象上级的影片剪辑或对象。

14）_root

语法：_root.movieClip

　　　_root.action

　　　_root.property

描述：属性；指定或返回指向根影片时间轴的引用。如果影片有多个级别，则根影片时间轴位于包含当前正在执行脚本的级别上。指定_root 与在当前级别内用斜杠记号（/）指定绝对路径的效果相同。

3. 客户端/服务器对象

1）LoadVars

语法：new LoadVars()

描述：构造函数；创建 LoadVars 对象的实例。然后可以使用该 LoadVars 对象的方法来发送和加载数据。

2）XML

语法：new XML([source])

参数：source 为创建新的 XML 对象而进行分析的 XML 文本。

描述：构造函数；创建一个新的 XML 对象。必须使用构造函数方法创建一个 XML 对象的实例之后，才能调用任何一个 XML 对象的方法。

createElement 与 createTextNode 方法是用于在 XML 文档树中创建元素和文本节点的"构造函数"方法。

3）XMLSocket

语法：new XMLSocket()

描述：构造函数；创建一个新的 XMLSocket 对象。XMLSocket 对象开始时未与任何服务器连接。必须调用 XMLSocket.connect 方法将该对象连接到服务器。

5.4 写入脚本程序

下面将用一个实例来说明写入脚本程序。

1．添加"动作-帧"

01 创建一个 ActionScript 2.0 的文档，在舞台上选择工具并绘制一个黄色填充的圆。

02 在第 15 帧处，添加一个关键帧。将舞台上的圆变换为蓝色，并创建补间动画。

03 选择第 15 帧，按"F9"键在"动作-帧"面板中输入下列程序：

```
gotoAndStop(5);
```

04 按"Ctrl+Enter"组合键预览影片，当影片运行一遍后，在第 5 帧处停止，如图 5-6 所示。

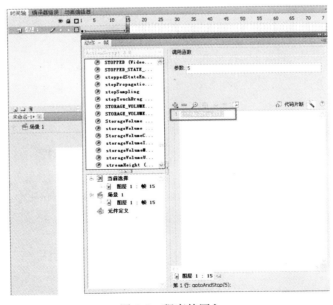

图 5-6　程序的写入

> 提示：在添加了"动作-帧"后，在时间轴的帧上会出现一个小 a，代表此帧上有脚本的存在。

2．添加"动作-按钮"

接着上面的实例，将第 15 帧处的脚本删除。

01 选择图层第 1 帧，添加"动作-帧"脚本，输入下列语句：

```
Stop();
```

02 新建一个图层，将前面学习制作的按钮元件打开，将其放置到该图层上，如图 5-7 所示。

03 选择按钮，按"F9"键，插入"动作-按钮"的动作脚本，输入如下脚本，如图 5-8 所示。

```
on (press) {
    play();
}
```

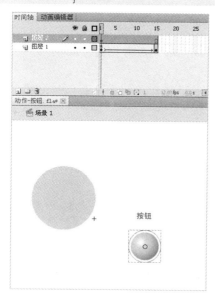
图 5-7　按钮元件

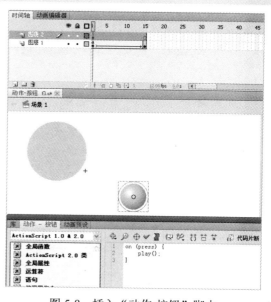
图 5-8　插入"动作-按钮"脚本

04 按"Ctrl+Enter"组合键预览影片，此时的影片是用按钮来控制这段颜色变换的动画。

> 提示：在加入按钮动作的时候，语句必须有句首"on"，而且在"动作"面板中显示是以"动作-按钮"显示的。

3．添加"动作-影片剪辑"

01 接着上面的例子，将按钮和动作脚本全部删除，只留一段补间动画。

第 5 章　ActionScript 3.0 简介

02　新建一个图层，将图层 1 的那段动画复制帧，在新建的图层 1 第 1 帧处，创建一个影片剪辑，并将图层 1 的动画粘贴到影片剪辑实例当中，如图 5-9 所示。

03　回到场景中，将图层 1 删除，将刚才制作的影片剪辑拖动到舞台上，更改舞台上影片剪辑的实例名称为"yuan"，如图 5-10 所示。

图 5-9　影片剪辑实例

04　选择舞台上的影片剪辑，按"F9"键，在"动作-帧"中输入下列程序，如图 5-11 所示。

```
onClipEvent (load) {
Mouse.hide();
startDrag("/yuan",true);
```

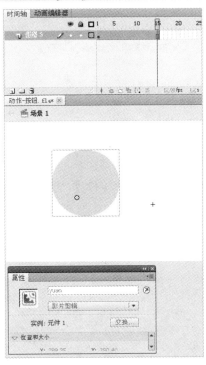

图 5-10　圆的影片剪辑

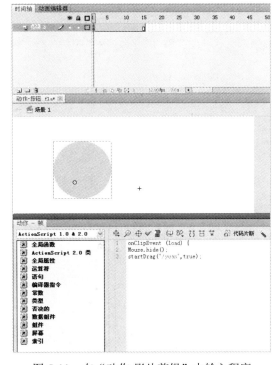

图 5-11　在"动作-影片剪辑"中输入程序

05　按"Ctrl+Enter"组合键预览影片，此动画执行隐藏鼠标指针，并且可任意拖动舞台上的实例。

提示　当输入"动作-影片剪辑"的时候，注意语句的开头必须有句首"onClipEvent"。而且在运行按钮动作和影片剪辑动作的时候，没有很明显的标识。

5.5 几个常用的命令

1．Flash 按钮+链接

```
on (release) {
    getURL("相应链接");
}
```

用法：首先在舞台上创建一个按钮，单击舞台上的按钮，按"F9"键在脚本窗口中输入程序，其含义是当鼠标指针进入按钮的时候执行"跳转到相应链接"命令，其中引号内的链接是可以更改的。

2．用 Flash 制作弹出小窗口

制作弹出的小窗口分如下两步。

1）制作 Flash 按钮，在按钮中加入如下 action：

```
on (release) {
getURL ("javascript:MM_openBrWindow('newweb.htm','','width=600,height=100')");
}
```

2）在网页制作软件中，HTML 页面的\<head>...\</head>之间添加如下的命令：

```
< SCRIPT LANGUAGE="javascript">
    < !--window.open ("newweb.html", "newwindow", "height=100, width=600, top=0, left=0, toolbar=no, menubar=no, scrollbars=no, resizable=no,location=no, status=no")  -->
< /SCRIPT>
```

我们来定制这个弹出的窗口的外观、尺寸大小，以及弹出的位置以适应该页面的具体情况。

参数解释：

```
< SCRIPT LANGUAGE="javascript"> js 脚本开始；
    window.open 弹出新窗口的命令；
    " newweb.html" 弹出窗口的文件名；
    "newwindow" 弹出窗口的名字（不是文件名），非必须，可用空"代替；
    height=100 窗口高度；
    width=600 窗口宽度；
    top=0 窗口距离屏幕上方的像素值；
    left=0 窗口距离屏幕左侧的像素值；
    toolbar=no 是否显示工具栏，yes 为显示；
    menubar, scrollbars 表示菜单栏和滚动栏。
    resizable=no 是否允许改变窗口大小，yes 为允许；
    location=no 是否显示地址栏，yes 为允许；
    status=no 是否显示状态栏内的信息（通常是文件已经打开），yes 为允许；
    < /SCRIPT> js 脚本结束
```

注意要将网页中 Flash 的 ID 号命名为"links"。

3．加入收藏夹

```
on (release) {
    getURL(" window.external.AddFavorite('http://www.webjx.com','网页');", "_self", "POST");
}
```

用法：在舞台上创建一个按钮，单击该按钮并按"F9"键，在程序窗口中输入脚本，当鼠

标经过按钮时,执行"将网页加入收藏夹中"命令。

4. 产生随机数

产生 6~20 之间的 5 个不重复的随机数。

(1) 首先产生一个随机数,放在数组对象中的第一个位置。

(2) 产生一个新的随机数。

(3) 检查新产生的随机数和所有目前已产生的随机数是否相同,若是相同则返回(2),否则返回(4)。

(4) 将新的随机数加入数组对象中下一个数组元素内。

(5) 检查数组对象个数是否已达到 5 个,若是跳到(6),否则返回(2)。

(6) 结束。

AS 代码如下:

```
data1=newArray(5);
tot=1;
data1=[tot-1]=random(20-6+1)+6;
do{
   gen_data=random(20-6+1)+6;
   reapeat_data=0;
   for(i=0,i<=tot-1;i++){
     if(gen_data==data
        reapeat_data=1;
      break;
     }
   }
   if(reapeat_data==0){
     tot++
     data[tot-1]=reapeat_data;
   }
}while(tot<5);
trace(data1);
```

5. Flash 一打开就是全屏

这里说的方法只是用于 Flash Player。

用法:直接点选时间轴中的帧,按"F9"键,在弹出的程序窗口中输入程序,双击生成预览文件,此时动画自动放大。

```
fscommand("fullscreen",true)
```

6. 禁止右键菜单

fscommand 的方法还是只适用于 Flash Player。

```
<PARAM value="false">
```

或者用最简单的一句 ActionStript。

```
Stage.showMenu=false;
```

7. 载入动画

载入名为 dd.swf 的动画,要确定这个动画的中心位置在(205,250),该怎么设置?
创建一个空的影片剪辑,将影片剪辑的实例名称命名为"a",在导入时,右下角也命名为"a"。

选择舞台上的影片剪辑，按"F9"键，输入下列程序：
```
loadMovie("dd.swf", "a");
a._x=205;
a._y=250;
```

8. 播完动画后自动跳到某网页

```
getURL("siteindex.htm","_self"); //注意这里有引号
```

用法：选择动画的最后一帧，按"F9"键输入跳转到"某网页"，引号中的网页可更改。

5.6 习题

练习 ActionScript 中各种语法，体会不同脚本产生的各自效果。

第6章 Flash 动画特效

　　Flash 动画制作,除了动画原理的正确应用和熟练的软件操作以外,还需要掌握 Flash 动画特效的制作方法。通过各种特效的辅助,使动画作品更加绚丽多彩。

本章重点:
- 基本特效
- 文字特效
- 视觉特效和鼠标特效

6.1 普通特效

6.1.1 文字特效

"文字"是 Flash 中不可或缺的重要组成部分，因此本节将详细讲解文字在 Flash 中的应用。

"文本工具"是 Flash 中输入文字的工具。在"工具"面板中选择"文本工具"，在舞台下面的"属性"面板会出现相对应的选项，如图 6-1 所示。

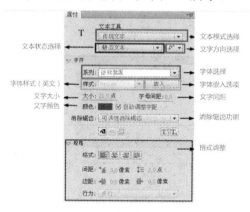

图 6-1 文本"属性"面板

在文本类型中有 3 种类型：静态文本、动态文本和输入文本。

1）静态文本

静态文本是 Flash 中最常见的文本类型，编辑静态文本的方法与步骤如下。

01 选择"文本工具"，在舞台上输入一段文字，设置其属性，字体为"微软雅黑"，字体大小为"20"，字体颜色为蓝色，如图 6-2 所示。

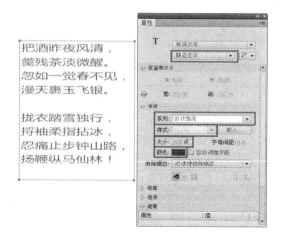

图 6-2 静态文本

02 在"属性"面板单击 段落 按钮编辑格式，可以设置静态文本格式的具体参数，如图6-3所示。

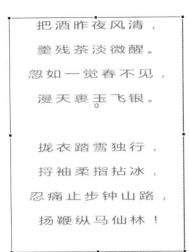

图 6-3　静态文本格式选项

03 在"属性"面板中还可以单击 按钮，可以设置文本的方向，如图6-4所示。

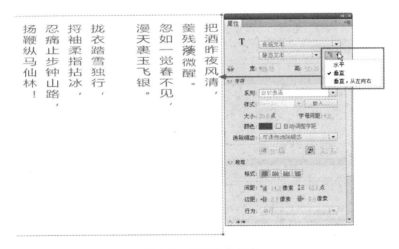

图 6-4　改变文本方向

04 还可以在"字母间距"文本框中输入数值或拖动滑杆调整文字间距，如图6-5所示。

05 单击 按钮可选择字符位置，如图6-6所示。

- 未选中时，字符位于标准基线位置。
- 当文本方向为水平时，选择 命令，则字符处于基线之上，选择 命令，则字符处于基线之下。

- 当文本方向为垂直时，选择 命令，则字符处于基线右边，选择 命令，则字符处于基线左边。

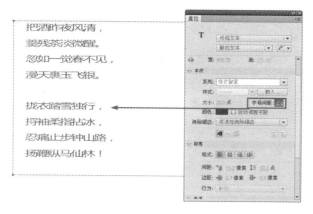

图 6-5　字母间距

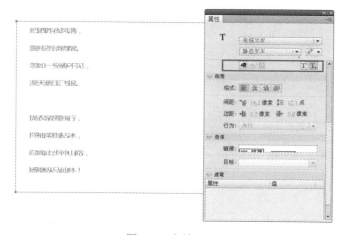

图 6-6　字符位置

06　文本属性中还有 5 个下拉选项可供选择，如图 6-7 所示。

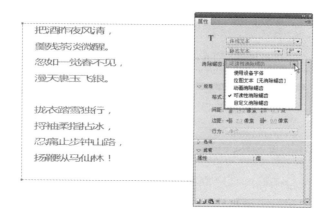

图 6-7　下拉选项

- 使用设备字体：使用本地计算机上安装的字体。
- 位图文本（无消除锯齿）：选择该项会关闭消除锯齿功能，不对文本进行平滑处理。
- 动画消除锯齿：可以选择该选项来创建较为平滑的动画。由于 Flash 会忽略对齐方式和字距微调信息，因此该选项并不适合所有文本。
- 可读性消除锯齿：可创建高清晰的字体，改进较小字体的可读性，但是不适合动画文本。
- 自定义消除锯齿：可以自定义字体属性，如图 6-8 所示。

图 6-8　自定义消除锯齿

2）动态文本

指动态更新的文本，如常见的记分器和股票信息等。

3）输入文本

指允许用户输入的文本，如调查表等。

动态文本和输入文本将在后面具体的实例中进行讲解，因为这两个文本必须与 ActionScript 结合使用。

4）TLF 文本

TLF 是文本布局框架，在 TLF 出现之前，Flash 中的文本排版支持是非常简陋的，于是 Adobe 对文本工具做了增强，可以使用 TLF 来增强文本布局，并实现一些之前很难实现的工作，例如对阿拉伯文的支持等。

提　示
　　在 Flash CS4 以后版本的文字面板中已经没有粗体和斜体的按钮了，但是在文本菜单里面是可以找到的，不要认为没有这项功能了。

文字在特效中的应用实例如下。

（1）洋葱皮文字特效

01 打开 Flash CS5 软件，选择"文件"＞"新建"命令，创建一个 Flash 文档，设置"尺寸"为 550×400 像素，"背景颜色"为#FFFFFF。

02 选择"文本工具" T ，在舞台上输入静态文本"ZYD"，并且调节静态文本的属性，如图 6-9 所示。

03 选择舞台上的文字,按"F8"键将文字转换为影片剪辑,如图6-10所示。

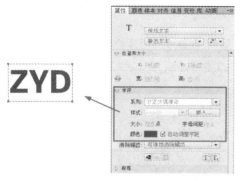

图6-9 输入文本"ZYD"　　　　　图6-10 将文字转换为影片剪辑

04 连续单击"时间轴"面板上"图层1"下面的"插入图层"按钮,新建5个图层,按住"Alt+鼠标左键"选择图层1的第1帧,当鼠标下出现一个小加号的时候,将所选中的帧直接向图层2拖动,此时图形元件被复制。剩下的图层也按照这样的方法全部进行复制,如图6-11所示。

05 复制完成后,将其全部延长到第59帧处,如图6-12所示。

图6-11 新建5个图层　　　　　图6-12 延长帧数到第59帧

06 按照递减的方式,逐层进行制作。在图层6上的第1帧处选中舞台上的图形元件,在"属性"面板中,颜色选项选择"Alpha",将其透明度改为10%,如图6-13所示。

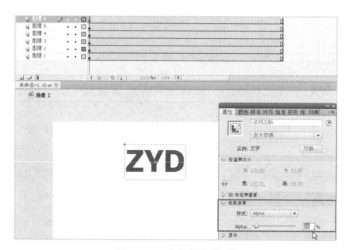

图6-13 改变颜色选项

07 将图层 6 锁定,在图层 5 的第 1 帧处选中舞台上的图形元件,在"属性"面板的颜色选项中将其透明度改为 20%。依此类推,分别将图层 4、图层 3 和图层 2 的透明度改为 40%、60% 和 80%,图层 1 保持不变。

08 在图层 1 的第 45 帧处,添加一个关键帧,按"F6"键,回到第 1 帧处,在"属性"面板中创建补间动画,并且调节补间属性"旋转"为顺时针旋转两次,如图 6-14 所示。

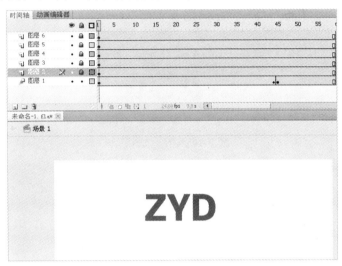

图 6-14 创建补间动画

09 在图层 2 的第 3 帧处添加关键帧,并选择前面的任意一帧,然后按"Delete"键将其删除,也就是说,图层 2 的动画是在第 3 帧开始的。在图层 2 的第 47 帧处添加一个关键帧,然后回到第 3 帧创建补间动画,并且调节补间属性"旋转"为顺时针旋转两次。将后面多余的帧删除,如图 6-15 所示。

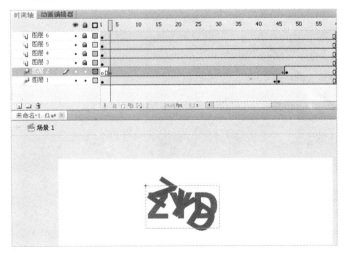

图 6-15 逐层创建补间动画

10 按照上面的制作方法对剩下的图层以阶梯状的形式来制作,如图 6-16 所示。

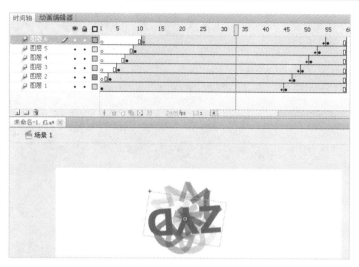

图 6-16　阶梯状图层

11 制作完成后，按"Ctrl+Enter"组合键预览动画。

（2）风吹字特效

01 打开 Flash CS5 软件，选择"文件">"新建"命令，创建一个 Flash 文档，设置"尺寸"为 550×400 像素，"背景颜色"为蓝色。

02 选择"插入">"新建元件"命令，打开"创建新元件"对话框，在该对话框中输入元件名称"M"并选中"图形"单选按钮，然后单击"确定"按钮。选择"工具"面板中的"文本工具" T，在"属性"面板中选择适当的文字字体、大小和颜色，输入文字"M"，如图 6-17 所示。

图 6-17　输入"M"

03 用同样的方法制作"A"、"S"、"K"文字图形元件。单击"场景"按钮，返回场景窗口。连续单击"时间轴"面板上"图层 1"下面的"插入图层"按钮，新建 3 个图层，然后双击各图层的名称，输入新的图层名称，如图 6-18 所示。

图 6-18　新建图层

04　选择"视图">"标尺"命令，将标尺显示出来，在舞台上拖动出一条辅助线。单击各图层的第 1 帧，并分别将对应的字母元件从"库"面板中拖动到舞台上，使其横排对齐。然后将对应的元件从"库"面板中拖动到舞台上，如图 6-19 所示。

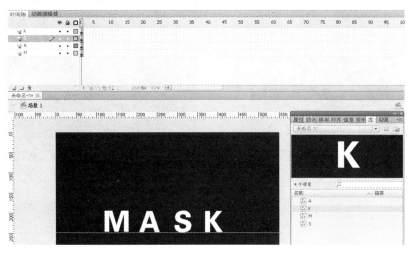

图 6-19　将图形元件对齐

05　用鼠标右键单击"M"层的第 20 帧，在弹出的快捷菜单中选择"插入关键帧"命令，插入一个关键帧。单击"M"层的第 20 帧，将文字图形元件 M 往右上方移动一段距离，并选择工具箱中的"任意变形工具"将文字放大，单击元件 M，在"属性"面板中选择"颜色"下拉列表框中的"Alpha"选项，并单击其右侧的下拉列表框，然后拖动滑块将透明度变为 0%，如图 6-20 所示。

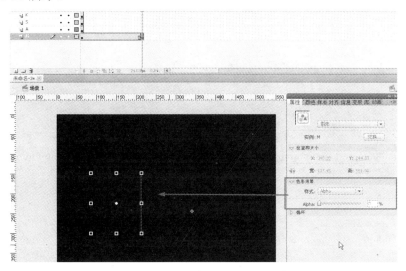

图 6-20　添加帧并且调节透明度

06 选择在第 20 帧处单击舞台上的文字 M，在"工具"面板中选择"任意变形工具"，在选项区域中单击"旋转与倾斜"按钮，拖动角手柄向左边旋转一定角度，如图 6-21 所示。

07 选中旋转后的 M 文字，在菜单栏中选择"修改">"变形">"水平翻转"命令，回到图层的第 1 帧，在"属性"面板中的"补间"下拉列表框中选择"补间动画"，如图 6-22 和图 6-23 所示。

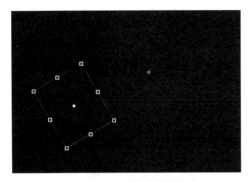
图 6-21　旋转与倾斜

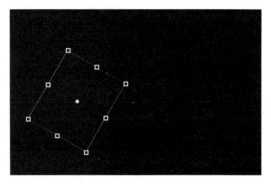
图 6-22　翻转文字

图 6-23　创建补间动画

08 在 a、s 和 k 层上分别执行与上面相同的步骤，如图 6-24 所示。

第 6 章　Flash 动画特效

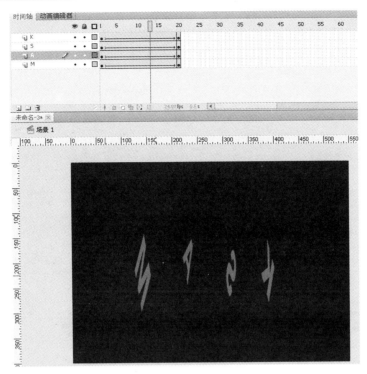

图 6-24　完成制作

09　制作完成后，按"Ctrl+Enter"组合键预览动画。

以上所讲的文字特效的制作方法，不能墨守成规，应根据创作需要灵活地加以运用。

提　示
　　使用"文本工具"结合元件和补间动画能绘制出各种文字特效，也可以通过 Flash 文字特效插件来绘制特效。

6.1.2　遮罩特效

遮罩动画就是利用图层遮罩来实现的。在前面的章节中我们已经学过图层的基本操作，接下来将详细讲解图层在特效中的运用。

遮罩层的基本概念：用于控制被遮罩层内容的显示，从而制作一些复杂的动画效果，如聚光灯效果等，如图 6-25 所示。

1．遮罩的原理

遮罩无处不在，比如放大镜效果、阴影效果及文字的淡入/淡出效果等。

遮罩效果的实现至少需要两个图层，一个是遮罩层，另一个是被遮罩层。

遮罩层总是在被遮罩层的上面，遮罩与被遮罩是在一起的。

遮罩只显示被遮罩层的元素，其余的全部被遮住不显示。

2. 设置遮罩的方法

在图层上单击鼠标右键，在弹出的快捷菜单中选择"遮罩层"命令，如图6-26所示。

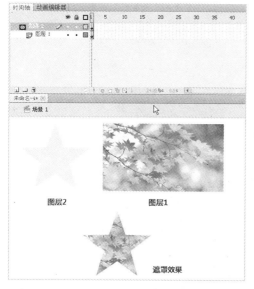

图6-25 遮罩效果

图6-26 执行遮罩

3. 遮罩特效的应用实例

1）百叶窗效果

01 打开Flash CS5软件，选择"文件">"新建"命令，创建一个Flash文档，设置"尺寸"为550×400像素，"背景颜色"为#FFFFFF。

02 选择"文件">"导入到库"命令，导入两张位图图像，如图6-27所示。

A

B

图6-27 两张位图

03 按"Ctrl+F8"组合键创建图形元件"矩形"，选中第1帧，选取"矩形工具"，设置其填充色为黑色，在工作区中绘制一个矩形，如图6-28所示。

图 6-28 黑色矩形

04 新建一图形元件"矩形-F",选中第 1 帧,将图形元件"矩形"拖放到工作区中,创建一实例,在第 15 帧处插入一关键帧,选中第 1 帧,单击鼠标右键,在弹出的快捷菜单中选择"创建补间动画"命令,选中第 15 帧,将实例调整为一条线,如图 6-29 所示。

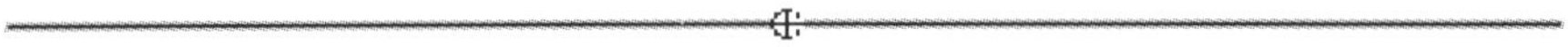

图 6-29 将实例调整为一条线

05 分别在第 25 帧和第 40 帧处,插入关键帧,并在第 25 帧和第 40 帧之间创建相反的运动激变动画,即由一条线放大。时间轴如图 6-30 所示。

图 6-30 创建补间动画

06 返回主场景,将默认图层更名为"pic1",再新建一图层"pic2",分别将导入的两幅图片拖放到工作区中,分别对导入的两幅图片进行处理,将不同图层中的图片使用分离命令按"Ctrl+B"组合键进行分离操作。再从工具箱中选取"椭圆工具",按住"Shift"键分别在各图层中绘制一个圆。分别选中圆的轮廓线条及圆形外边的图片,按键盘上的"Delete"键将其删除,这时图层"pic1"和"pic2"中的图片效果如图 6-31 所示。

图 6-31 利用形状的裁切性切割图形

07 分别在这两个图层的第 42 帧处插入关键帧（按 "F6" 键）。

08 选中图层 "pic2"，在其上插入一遮罩层 "maske pic2"，选中第 1 帧，将图形元件 "矩形-F" 拖放到工作区中，并在第 42 帧处插入帧，调整其位置，如图 6-32 所示。

图 6-32　拖动矩形元件到舞台上

09 新增 7 个图层，按住 "Shift" 键，选中图层 "pic2" 和 "maske pic2"，用鼠标右键单击被选中的任意一帧，从弹出的快捷菜单中选择 "复制帧" 命令。用鼠标右键单击 "图层 4" 的第 1 帧，从弹出的菜单中选择 "粘贴帧" 命令，这时 "图层 4" 将变成复制后的 "pic2" 和 "maske pic2" 蒙版层，单击复制后的蒙版层，按键盘上的向上箭头，将实例向上移动，调整到适当的位置，如图 6-33 所示。

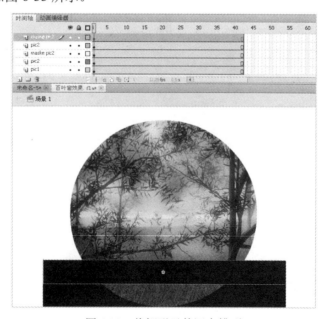

图 6-33　将矩形元件逐个排列

10 用同样的方法,依次在"图层 5"至"图层 10"中分别复制"pic2"和"maske pic2"图层,将各个蒙版图层中的实例向上移动,并顺次向上连接。并且将所有的"maske pic2"进行遮罩,如图 6-34 所示。

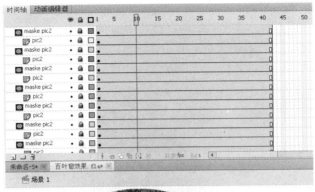

图 6-34 制作完成

11 制作完成后,按"Ctrl+Enter"组合键预览动画。

2)可拖动遮罩效果

01 打开 Flash CS5 软件,选择"文件">"新建"命令,创建一个 Flash AS 3.0 文档,设置"尺寸"为 550×400 像素,"背景颜色"为黑色。

02 按"Ctrl+F8"组合键新建影片剪辑"圆",在工具面板中选取"椭圆工具",打开"属性"面板设置其轮廓颜色和填充色均为白色,选中第 1 帧,按"Shift"键在工作区中绘制一正圆,如图 6-35 所示。

03 返回主场景,将默认图层更名为"mask",选中第 1 帧,打开"库"面板,将影片剪辑

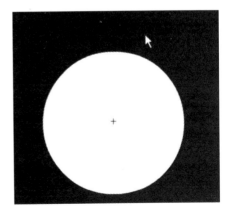

图 6-35 绘制圆形

"Spotlight"拖放到工作区中,创建一实例"spotlight",同时在"属性"面板"颜色"中更改"spotlight"的透明度为79%,如图6-36所示。

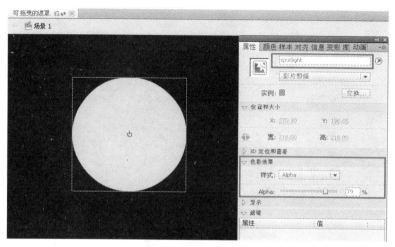

图6-36 输入影片剪辑实例名称

04 新建一个图层,按"Ctrl+R"组合键导入一张位图图像。将图层命名为"masked",并移动到"mask"的下方。用"mask"遮罩"masked",如图6-37所示。

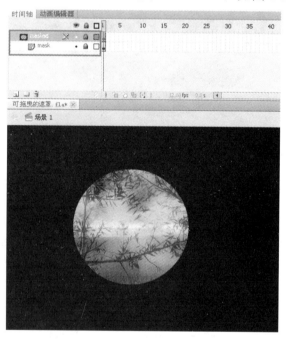

图6-37 新建遮罩图层

05 将遮罩层"mask"的第1帧调整适中,添加如下脚本:

```
Mouse.hide();  --隐藏鼠标指针
startDrag("/spotlight", true);  --拖动影片剪辑实例"spotlight",可以运行。
```

使"spotlight"影片剪辑在影片播放过程中可拖动。一次只能拖动一个影片剪辑。执行

startDrag 动作后，影片剪辑将保持可拖动状态，直到被 stopDrag 动作明确停止为止，或者直到为其他影片剪辑调用了 startDrag 动作为止，如图 6-38 所示。

图 6-38　脚本输入

06 这样整个"可拖动的遮罩"效果就制作完成了，按"Ctrl+Enter"组合键预览最终效果。

6.1.3　引导特效

引导动画是利用图层引导来实现的，引导动画又称路径动画。因此我们就需要对引导层的概念有个详细的了解。

引导层的概念：使用引导图层可以制作出沿自定义路径进行的动画，为了使对象在自定义的路径上移动，必须在对象所属的图层中增加一个引导层。

引导层有两种模式：一种是运动引导层，另一种是普通引导层，如图 6-39 所示。

图 6-39　引导层

引导层的原理如下：
- 引导动画必须有两个图层，一个是引导层，另一个是被引导层。
- 运动引导层必须是个线段或是一个不闭合的路径。

下面通过具体的实例来讲解引导特效的应用。

飞机运动特效

01 打开 Flash CS5 软件，选择"文件"＞"新建"命令，创建一个 Flash AS 3.0 文档，设置"尺寸"为 550×400 像素，"背景颜色"为黑色。

02 将图层1的名称更改为"飞机1",新建一个图层,并且将其命名为"飞机2"。

03 在"飞机1"上,选择"多边形工具" ,绘制一个红色小飞机。在"飞机2"上,绘制一个蓝色的小飞机,并分别将其都转换为图形元件,在第25帧处延长,如图6-40所示。

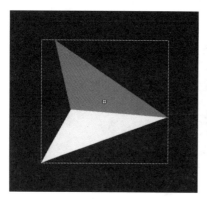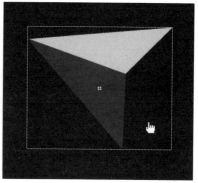

图6-40 绘制飞机

04 添加一个运动引导层,在引导层上选择"椭圆工具" 绘制一个线框的椭圆,并用"选择工具" 将其切割成一个不闭合的路径,将红色和蓝色的小飞机分别放置到不闭合路径端点起始的位置,如图6-41所示。

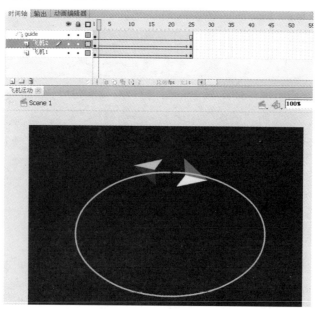

图6-41 绘制椭圆路径

05 在"飞机1"和"飞机2"的第25帧处添加关键帧。分别选择红色和蓝色小飞机在第25帧处将其移动到不闭合路径的另外一端,接着回到第1帧处,创建补间动画,在"属性"面板中选择"同步"复选框,这样两个小飞机就会围绕着这个路径运动,如图 6-42 所示。

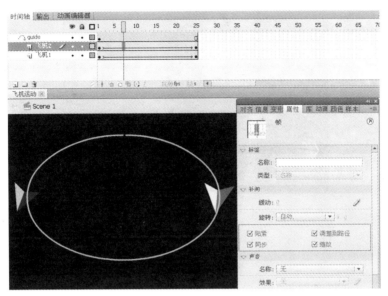

图 6-42 选择属性

06 制作完成后,按"Ctrl+Enter"组合键预览动画。

6.2 ActionScript 脚本动画特效

6.2.1 视觉特效

在 Flash CS5 中制作视觉特效、鼠标特效及按钮特效的时候,需要在 ActionScript 3.0 的文档中进行操作。ActionScript 3.0 无法进行脚本设置,它只针对类绑定来控制动画。

制作雪景

01 打开 Flash CS5 软件,选择"文件">"新建"命令,创建一个 Flash ActionScript 3.0 文档,设置"尺寸"为 550×400 像素,"背景颜色"为白色。

02 新建一个名为"雪"的图形元件。

03 在工具栏中选择"椭圆工具",然后在"颜色"面板将填充色设置为放射填充,并在下面的颜色列表中调出"白色-透明白色"渐变。在舞台上绘制一个正圆,如图 6-43 所示。

04 单击时间轴上的"场景"回到场景。

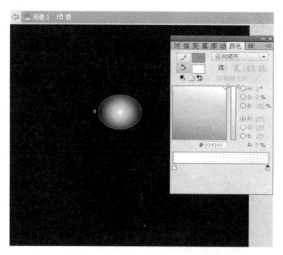

图 6-43　绘制放射性渐变的圆

05 新建一个名为"雪花"的影片剪辑。在"库"面板中将"雪"这个图形元件拖动到场景中央。

06 在图层 1 的上方新建一个引导层,使用"直线工具"在场景中央绘制一条直线,利用"选择工具"将直线变换成曲线。

07 在引导层的第 30 帧处插入普通帧。

08 在图层 1 中分别在第 15 帧和第 30 帧处插入关键帧。然后回到第 1 帧创建补间动画,在第 15 帧处,将"雪"的图形元件拖动到引导线的另一侧,如图 6-44 所示。

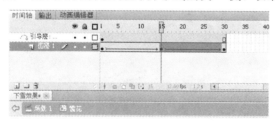

图 6-44　制作飘动雪花

09 完成动画后回到场景。

10 将图层 1 命名为"背景"。导入一张位图图像,将其覆盖整个背景。然后在第 3 帧处插入延长帧。

第 6 章　Flash 动画特效

11　新建一个名为"雪花"的图层，将雪花的影片剪辑拖动到场景的左上角，并选中舞台上的影片剪辑实例将实例名称更改为"xue"，如图 6-45 所示。

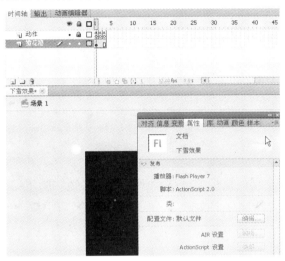

图 6-45　命名雪花影片剪辑实例名称为"xue"

12　新建一个名为"动作"的图层，在该图层的第 1～3 帧处分别插入空白关键帧。

13　选中第 1 帧，并在"动作-帧"面板中输入下列语句：

```
c = 1;
// c 是控制循环的变量
maxxue = 100;
// 最大雪花数
```

14　选中第 2 帧，并在"动作-帧"面板输入下列语句：

```
set("xpos"+c, Math.random()*500);
set("speed"+c, Math.random()*6+2);
// 设置雪花的随机速度和 x 坐标
xue.duplicateMovieClip("xue"+c, c);
// 复制雪花
this["xue"+c]._x = eval("xpos"+c);
this["xue"+c]._alpha=random(100)+20;
size = Math.random()*50+50;
this["xue"+c]._xscale = size;
this["xue"+c]._yscale = size;
// 设置当前复制的雪花的 x 坐标和大小
i = 1;
while (i<=maxxue) {
    this["xue"+i]._y = this["xue"+i]._y+eval("speed"+i);
    i = i+1;
}
// 使雪花按设定的速度下飘
```

15　选中第 3 帧，并在"动作-帧"面板中输入下列语句：

```
if (c == maxxue) {
    c = 1;
} else {
    c = c+1;
}
gotoAndPlay(2);
// 如果雪花数达到了最大数（100），循环变量重置为 1；否则递增 1
```

16 制作完成后，按"Ctrl+Enter"组合键预览动画。

6.2.2 鼠标特效

鼠标跟随特效常常用在制作鼠标的一些动画中，它必须和脚本结合才能制作。

01 打开 Flash CS5 软件，选择"文件">"新建"命令，创建一个 Flash ActionScript 2.0 文档，设置"尺寸"为 550×400 像素，"背景颜色"为白色。

02 在图层 1 上创建一个图形元件，选择"文本工具"输入"ZYD.COM"，如图 6-46 所示。

03 新建一个影片剪辑元件，命名为"textAnimation"，如图 6-47 所示。

图 6-46　输入文字

图 6-47　创建新元件

04 把文字图形元件放进来，按"F6"键插入关键帧，这时选择第 1 帧，然后输入下面代码：

```
if(_root.xPos < (_root._xmouse - 10))
{
  _root.xPos += 10;
}
else if( root.xPos > ( root._xmouse + 10))
{
  _root.xPos -= 10;
}
if( root.yPos < ( root._ymouse - 10))
{
```

```
   _root.yPos += 10;
}
else if( _root.yPos > ( _root._ymouse + 10))
{
  _root.yPos -= 10;
}
this._x = _root.xPos;
this._y = _root.yPos;
_root.newAngle += 10;
this._rotation = _root.newAngle;
_root.count++;
```

05 在第 2 帧处加入下面的代码：

```
_root.attachMovie("Text", "Text" + _root.count, 1000 + _root.count);
```

06 在第 30 帧处插入关键帧，然后修改代码如下：

```
this.removeMovieClip();
```

07 在这里将第 30 帧处的文字透明度 "Alpha" 设置为 0，并且缩小文字，之后在第 1 帧和第 30 帧之间创建补间动画，如图 6-48 所示。此处可以更换舞台上文字图形元件的颜色。

08 回到场景，将 "textAnimation" 影片剪辑从 "库" 面板中拖动出来，并且在帧上输入下列代码：

图 6-48 创建补间动画

```
var newAngle = 0;
var count = 0;
attachMovie("Text", "Text" + count, 1000 + count);
var xPos = Text0._x;
var yPos = Text0._y;
```

09 制作完成后，按 "Ctrl+Enter" 组合键预览动画。

6.2.3 按钮特效

爱心按钮的制作

01 打开 Flash CS5 软件，建立一个新文件。从菜单栏中选择 "插入" > "新建元件" 命令，创建一个新元件，在弹出的对话框中选择 "按钮" 元件类型，命名为 "爱心"，然后单击 "确定" 按钮。随之则出现了按钮编辑窗口，在 "工具" 面板中选择 "椭圆工具" 画上一个圈，这就是按键的最外圈，给它附上一个渐变的色彩，使它看上去具有立体感，然后选择 "颜料桶工具"，在下方会出现充填颜料的工具，会弹出一个调色板，可以直接在最底层选择一个黑白色的圆形渐变图案，然后在工作区的圆上单击，注意要让白色的中心点偏左上方，这样立体感更强，如图 6-49 所示。

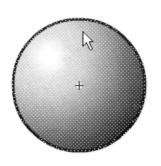 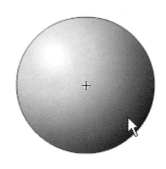

图 6-49 绘制圆形

02 新建一个层,命名为"底框 2",再如步骤 1 那样画一个圆,要比底框 1 小一些,它的大小决定了底框的宽度。要注意的是,在填色时要让白色的中心点偏右下方,如图 6-50 所示。

03 新建一个图层,命名为"按钮",同样画一个圆,不过这次用红色的渐变色来填充,白色的中心点偏左上方,如图 6-51 所示。

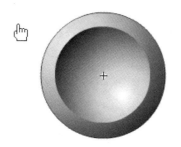

图 6-50 绘制底框　　　　　　　　　　　图 6-51 绘制红色的圆

04 再新建一个图层,命名为"心",可以用铅笔工具来画,也可以用几个几何形来叠加。先用"方形工具"画一个正方形,并在工作区选中它,单击鼠标右键,在弹出的快捷菜单中选择"旋转"命令,这时方形周围会出现 8 个控制点,将鼠标移至最右下角的那个控制点,鼠标将变为旋转样式,然后按住"Shift"键,使其旋转 45 度。再用"椭圆工具"画上两个圈,分两边放于方形上方,将三者都填为黑色,这样一个"心"基本做好了。然后给它加上点立体感,复制一个"心",选中它,单击鼠标右键,在弹出的快捷菜单中选择"旋转"命令,将其缩小些,然后填上红色的渐变色,放在大的"心"上,选中两个"心",将它们组合,如图 6-52 所示。

05 接下来制作"爱心"的其他状态,即鼠标弹起和按下去的状态,在每一个层都按"F6"键插入关键帧,要改变的只是将"按钮"层和"心"层的图案都用黄色的渐变色来代替红色的渐变色填充,如图 6-53 所示。

图 6-52　绘制桃心

06　在时间轴上的按下栏中，每一个层都按"F6"键插入关键帧，在"按钮"层选中按钮图形，并单击鼠标右键，在弹出的快捷菜单中选择"旋转"命令，将其缩小些，然后填以红色的渐变色，但要将白色的中心点偏右下方。在"心"层中同样将心也缩小些，如图 6-54 所示。

图 6-53　改变颜色　　　　　　　　　　图 6-54　改变大小

07　有立体感的按钮图就完成了，还可以充分发挥个人才能，做出更好的效果，如图 6-55 所示。

图 6-55　制作按钮内部

6.3　常见镜头特效

6.3.1　模拟镜头的移动

模拟镜头的移动也是镜头语言中最常见的推、拉、摇和移等镜头画面，其中最常见的是用在背景的切换，以及大场景和小场景的转换。

01 在 Flash 中绘制好一幅背景，将背景转换为图形元件，如图 6-56 所示。

图 6-56　镜头移动

02 新建一个图层，在舞台的外边框上添加一个遮景框，如图 6-57 所示。也就是说，让整个镜头的移动都在这个黑色的框内进行。

图 6-57　遮景框

03 接着在图层 1 上进行背景的移动和放大，设定帧上的动画。依据自己的影片长短来指定补间动画的长短。让背景做上下移动，如图 6-58～图 6-61 所示。

图 6-58　背景上下移动 1

图 6-59　背景上下移动 2

图 6-60　背景上下移动 3

图 6-61　背景上下移动 4

04 制作完成后就可以看见场景的移动，这就是简单的镜头移动。按"Ctrl+Enter"组合键预览动画。

6.3.2 叠画

叠画效果制作方法非常简单，这里使用两张图片来做演示。

01 新建一个 ActionScript 3.0 文档，设置帧频为 12fps。导入任意一张图片，如图 6-62 所示。

第 6 章 Flash 动画特效

图 6-62 导入位图

02 在第 20 帧处插入关键帧，如图 6-63 所示。

图 6-63 插入关键帧

03 创建补间动画，如图 6-64 所示。

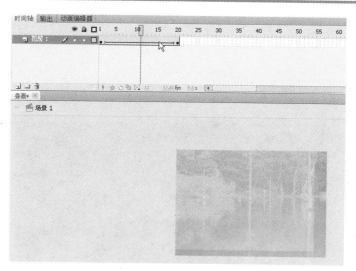

图 6-64　创建补间动画

04 在第 20 帧，选中舞台上的图像，如图 6-65 所示。

图 6-65　设置帧属性

05 在属性栏中选择"样式"下拉列表中的"Alpha"选项，并将后面的参数设定为 0%，如图 6-66 所示。

06 新建图层，并导入另一张图片，如图 6-67 所示。

第 6 章　Flash 动画特效

图 6-66　设置透明度

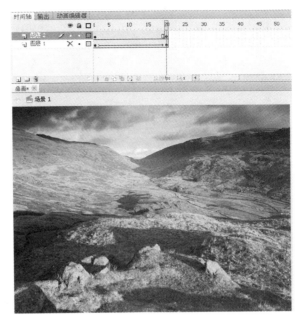

图 6-67　导入图片

07 同样设定第 20 帧为关键帧，同时创建补间动画，如图 6-68 所示。

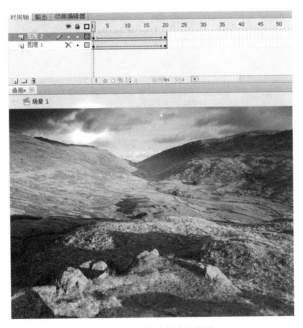

图 6-68　创建补间动画

08 与前一个图层相反，在这个图层的第一帧将 Alpha 值设置为 0%。

09 制作完成后，按"Ctrl+Enter"组合键预览动画。

135

6.3.3 淡出效果

01 新建一个 ActionScript 3.0 文档，设置帧频为 12fps，导入任意一张图片到舞台中，如图 6-69 所示。

图 6-69　导入位图

02 在第 15 帧处插入关键帧，如图 6-70 所示。

图 6-70　插入关键帧

03 创建补间动画，如图 6-71 所示。

图 6-71 补间动画

04 在第 15 帧上选择舞台上的画面，并在属性栏中选择"颜色"下拉列表中的"亮度"选项，并将后面的参数设定为-100%，这时舞台上的图片显示为黑色，如图 6-72 所示。

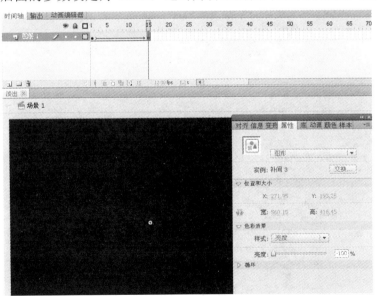

图 6-72 完成制作

05 制作完成后，按"Ctrl+Enter"组合键预览动画。

6.3.4 淡入效果

01 新建一个 ActionScript 3.0 文档，设置帧频为 12fps。导入任意一张图片到舞台中，如图 6-73 所示。

图 6-73　导入位图

02 在第 30 帧处插入关键帧，如图 6-74 所示。

图 6-74　插入关键帧

03 创建补间动画，如图 6-75 所示。

图 6-75 创建补间动画

04 在第 1 帧上选择舞台上的画面，并在属性栏中选择"颜色"下拉列表中的"亮度"选项，并将后面的参数设定为-100%，这时舞台上的图片显示为黑色，如图 6-76 所示。

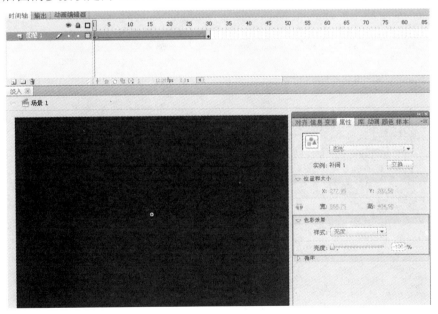

图 6-76 制作完成

05 制作完成后，按"Ctrl+Enter"组合键预览动画。

6.3.5 快速移镜

01 新建一个 ActionScript 3.0 文档，设置帧频为 12fps。在舞台上导入一张可以作为长背景的图片，使图片首端出现在舞台上，如图 6-77 所示。

图 6-77 导入位图

02 在第 5 帧处插入关键帧，并使图片末端出现在舞台上，如图 6-78 所示。

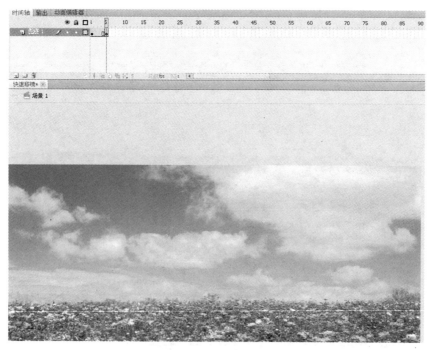

图 6-78 移动图片

03 创建补间动画，如图 6-79 所示。

图 6-79　创建补间动画

04 制作完成后，按"Ctrl+Enter"组合键预览动画。

6.3.6 慢速移镜

01 新建一个 ActionScript 3.0 文档，设置帧频为 24fps。这个设置很重要，因为如果设置帧频为 12fps 的话，会出现明显的停滞感，严重影响影片的流畅。在舞台上导入一张可以作为长背景的图片，使图片首端出现在舞台上，如图 6-80 所示。

图 6-80　导入位图

02 需要背景移动速度变得缓慢,可以通过增加背景移动所需帧数达到这个目的,所以在第96帧处插入关键帧,按"Shift+方向键"移动图片,使图片末端出现在舞台上,如图6-81所示。

图 6-81　添加关键帧

03 创建补间动画,如图6-82所示。

图 6-82　创建补间动画

第 6 章　Flash 动画特效

04 制作完成后，按"Ctrl+Enter"组合键预览动画。

> 提　示
> 1. 移镜的速度取决于帧数的多少，帧数多则移动速度慢，反之则快。
> 2. 移镜操作必须与最终生成视频对应帧频，否则会出现拉尾现象。

6.3.7　Loading 制作

01 新建一个 ActionScript 3.0 文档。在它的主场景的开头部分按"F5"键插入 11 个空白帧，再新建 3 个图层，分别命名为 action、text 和 loading，如图 6-83 所示。

02 制作一个名为"loader"的影片剪辑，其中有 3 层：frame 层放条形的黑外框，shape 层是一个渐长的长方形，stop 层只有一帧，设它的 actions 脚本为"stop();"，如图 6-84 所示。

图 6-83　新建图层　　　　　　　　　图 6-84　新建影片剪辑元件

03 将这个 MC 放在主场景中的 loading 层的第 1 帧，并将它的实例名称改为"loader"，在第 10 帧处按"F5"键插入空白关键帧，在第 11 帧处按"F7"键插入空白非关键帧。

04 双击 action 层第 1 帧，定义 action 层第 1 帧的 actions 如下：

```
loader=getBytesLoaded();
total=getBytesTotal();
percent=Int(loaded/total*100);
loader.gotoAndStop(percent);
定义 action 层第 10 帧的 actions 为
if (percent==100){
    gotoAndPlay(11);
    }else{
    gotoAndPlay(1);
    }
```

05 最后编辑 text 层，在 text 层中放 3 个文本框，分别输入文字"已下载的字节"、"字节总量"和"下载进度 %"，如图 6-85 所示。

143

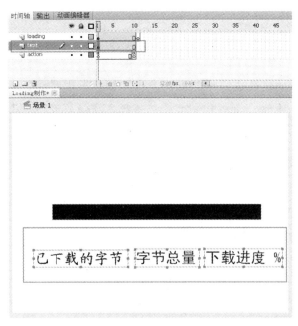

图 6-85　输入相应文本

06　再次单击"文字工具",选择"动态文本"菜单,然后在上一步骤中的第一个文本框的下方单击一下,在"属性"面板中变量的值为 loaded,用同样的方法处理另外两个框,第二个框的变量值为 total,第三个框的变量值为 percent,如图 6-86 所示。

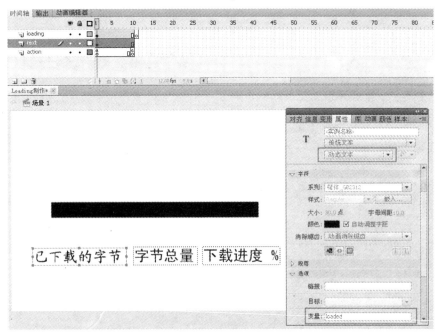

图 6-86　设置变量值

07　制作完成后,按"Ctrl+Enter"组合键预览动画。

6.3.8 全屏幕播放

介绍控制动画全屏播放的方法如下。

01 打开 Flash CS5 软件，选择"文件">"新建"命令，创建一个 Flash ActionScript 2.0 文档，设置"尺寸"为 550×400 像素，"背景颜色"为白色。

02 在图层 1 中导入一张桌面图片。

03 新建一个图层，选择"矩形工具" 绘制一个与舞台同大的矩形。按"F8"键将这个矩形转换为"按钮元件"。双击进入按钮的编辑区，将弹起的关键帧直接拖动到舞台上，制作一个透明按钮，如图 6-87 所示。

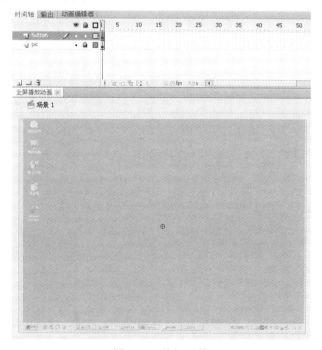

图 6-87　按钮元件

04 单击"透明"按钮，在"动作-按钮"面板中，输入如下脚本，如图 6-88 所示。

```
on (release) {
    fscommand("fullscreen","true");
}
```

05 这里的"fullscreen"表示动画全屏幕模式显示，"true"表示采用动画全屏模式，整段脚本的意思是当鼠标左键单击按钮后，动画将全屏幕播放。

06 完成后，将动画发布成"SWF"格式的文件。双击就可以观看动画，用鼠标左键单击出现全屏。

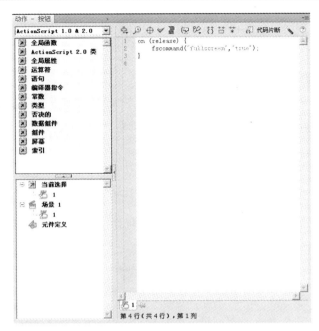

图 6-88 输入脚本

提 示

全屏后如果想退出，只要按键盘上的"Esc"键就可以退出全屏。

6.4 习题

1．制作文字特效。
2．尝试使用 ActionScript 脚本制作视觉、按钮及鼠标特效。
3．尝试使用常见的镜头特效。

第 7 章 动画基础知识

  Flash 动画作品精彩纷呈，众多爱好者都希望制作属于自己的动画作品。而制作一个成功的动画作品不仅需要具备软件操作能力，同时也要求制作者掌握一定动画制作原理。现在，就请大家和作者一起了解一些必备的动画常识。

本章重点：
- 动画常识
- 画面构图与镜头表现
- 动画基本力学原理
- 时间与节奏的把握
- 曲线运动的理解与实现

7.1 动画常识

7.1.1 传统动画与 Flash 动画的特点

1. 传统手绘动画

动画（也称为动画片）是一种具有百年历史的艺术形式，简单来说，动画就是能够"动"起来的画。

动画片和电影一样，同样是利用人类眼睛的"视觉暂留"的特性，通过一张张静止的画面连续播放，形成动态的画面效果。动画技术的演变应该归功于光学物理的发展和电影艺术的进步。但是，动画与通常意义的电影不同之处在于它的表现对象不是真实的演员，而是由动画师在纸上刻画出来的动画形象。

可以这样说，普通电影中的演员用表情和肢体语言在表演；而在动画片中演员就是动画师，但它们的表演方式却是依靠绘画技能及对角色的理解，通过笔在纸张上诠释角色的性格、体态和表情，因此，动画师本身的艺术修养对于动画创作的实际效果起着决定性的作用。

传统的动画片是用一张张不动的，但又逐渐变化的连续画面，经过摄影机进行逐格拍摄或利用扫描仪扫描到电脑上以后，以每秒 24 帧或 25 帧的速度连续放映，从而使原本静止的画面在银幕上活动起来。

如图 7-1～图 7-10 所示，这一系列连续动作的图片就是动画制作中表现动画人物走路的方法。

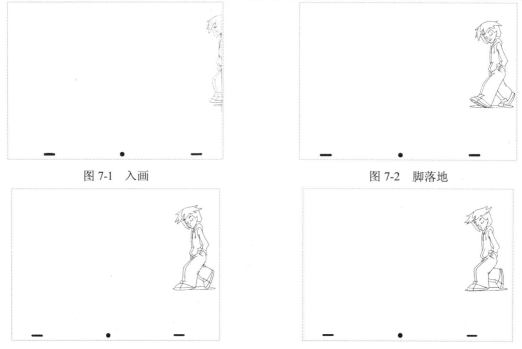

图 7-1 入画　　　　　　　　　　图 7-2 脚落地

图 7-3 降低重心　　　　　　　　图 7-4 身体处于最低位置

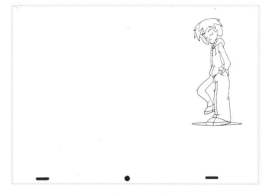

图 7-5　支撑的腿逐渐伸直　　　　　　　　图 7-6　支撑的腿完全伸直

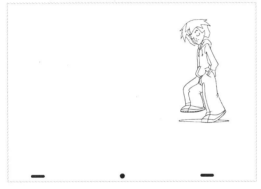

图 7-7　踮起脚尖，身体到达最高位置　　　图 7-8　脚部下落接触地面

图 7-9　再次降低重心　　　　　　　　　　图 7-10　身体到达最低位置

动画作品拥有极为优越的表现能力，不受时间和空间的约束，没有地理位置、自然环境，以及历史年代的影响，甚至可以漠视任何客观条件的限制和摆脱物理规律的束缚，按照艺术家的设计及构想，最大程度地去表现，去夸张，如图 7-11 所示。

动画具有极为丰富的表现领域。它可以展示现实生活中的各个方面，如自然现象的变化；如梦如幻的境界；超越现实的幻想及看不见、摸不着的极为抽象的内容等。只要能想到的，不论架构多么复杂，变化多么奇特，动画作品都可以既形象又直观地展现在观众面前。例如，科教动画、三维动画和广告片等，如图 7-12 所示。

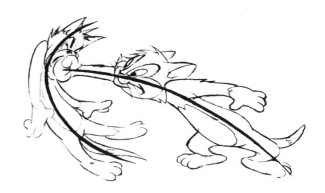

图 7-11 夸张的形体拉伸　　　　　　　　图 7-12 夸张的形体挤压

动画制作具有极大的灵活性。可以根据不同的主题和不同的风格，随心所欲地用各种专业手法进行创作。如《大闹天宫》和《骄傲的将军》等是使用戏曲戏剧的模式来表现的；《张飞审瓜》是依托传统皮影戏的风格进行创作的；《九色鹿》和《渔童》这两部动画的主要特色是极具装饰意味；而《牧笛》和《小蝌蚪找妈妈》都使用了独特的中国水墨风格。各类风格的传统动画作品如图 7-13 所示。

图 7-13 各类风格的传统动画作品

随着动画技术的革新和传播媒介的进步，动画已成为一个庞大的国民产业。在经历了多年的发展之后，传统动画片演变出众多形式的动画作品，其中包括影视平面动画、电脑三维动画和 Flash 动画等。在我们周围的电影电视里、网络传媒中和地铁公车上，动画产品随处可见，其影响也越来越大。动画作品在不同的年龄段都拥有相当多的观众群体，一个成功的卡通形象甚至会被人牢记一生。这一切都说明动画产品具有独特的艺术魅力。

2．Flash 动画

Flash 动画的制作快捷便利，相较传统动画的人海战术与团队合作模式，基本上可以实现在掌握基础动画知识的前提下进行个人创作的可能，如图 7-14 所示。

Flash 动画风格清新整洁，矢量图形的体积小巧也是一大亮点。当然，可以 Flash 软件为基础，也可以使用传统动画的精细制作规范来创作高质量的 Flash 动画项目，如图 7-15 所示。

图 7-14　系列 Flash 动画《小小作品》

图 7-15　《小破孩》系列 Flash 动画

7.1.2　传统动画与 Flash 动画的异同

传统动画早已形成了一套完整的体系，其制作流程、岗位分工、市场推广和制作规模都十分规范。它可以完成许多复杂的高难度动画工作，人们可以想象到的都可以完成。它不仅可以制作风格多样的动画产品，在大场面、长系列的项目中，更加得心应手，可以轻松演绎出极为恢弘的场面和十分细腻的动作效果。

但是，传统动画对于制作人员的技能要求比较高，从业者必须经过长期的培训与实际操作才能逐渐达到合格的行业标准。而且需要相当数量的制作人员参与到不同的部门，分别进行不同的工作，其中包括编剧、导演、美术设计（人物设计和场景设计）、设计稿、原画动作设计、修型、动画、绘景、描线、上色、校对、摄影、剪辑、作曲、拟音、对白配音、音乐录音、混合录音和洗印（转磁输出）等十几道工序的分工合作，密切配合，才可以顺利完成。可以这样说，传统动画制作是个众志成城的合作项目，绝不是个别人员或者少数几个参与者就能够完成的工作。

制作一部动画片的工作量是很大的，短短 5 分钟的普通动画片，就要绘制三四千张画面。例如，大家所熟悉的动画片《大闹天宫》，这样一部时长为一个多小时的动画片总共绘制了十多万张画稿。如此繁重而又复杂的绘制任务，是数十位动画工作者，历时三年多时间辛勤创作而成的。

随着科技的进步，目前的动画片制作已经简化了其中的一些程序，许多环节都可以借助计算机技术来完成，大大减少了人员的投入。但是传统动画制作的复杂程度和专业程度依然是可观的，同时大量的资金投入需求也限制了很多好创意的实施。

这一情况在 20 世纪 90 年代发生了变化，美国 Macromedia 公司推出了优秀动画设计软件 Macromedia Flash。

Flash 使用矢量图形和流式播放技术。与位图图形不同的是，矢量图形可以任意缩放尺寸而不影响图形的质量，而矢量的基本特性也很好地控制了文件的大小；流式播放技术使得动画可以边播放边下载，在有限的网络带宽情况下，很大限度地提升了网络传输效率，大大减少了等待的时间。Flash 有着较强的程序功能（ActionScript），可以通过简短的语句而表现出复杂绚丽的动态效果。

Flash 集众多功能于一身，如绘画、动画编辑、特效处理及音效处理等工作都可在这个软件中完成操作。尽管这些功能都无法与手绘动画所具备的优势相抗衡，但是通过它能够制作出的动画的质量毫无疑问是相当优秀的。

Flash 非常容易掌握，任何一个具有一定软件操作基础的人都能在短期内学会 Flash 的基本操作。据了解网上绝大多数的"闪客"都不是专业出身，有的甚至没有绘画基础，可是他们用 Flash 软件做出了精彩的动画作品，如图 7-16 所示。

如今，有很多非专业的动画人员通过 Flash 制作出了属于他们自己的动画片，这在早些年是无法想象的。因为不需要什么硬件上的投资，仅仅一台普通的计算机和几个相关软件就可以轻松做到，如果拿硬件要求与传统动画制作所需的庞大而复杂的专业设备相比，可谓是九牛一毛。似乎在一夜之间，动画爱好者与动画片之间的距离因 Flash 变得触手可及。很多喜爱动画的年轻人及动画从业人员纷纷从幕后走到台前，使用 Flash 这个软件来创作属于他们自己的动画作品，如图 7-17 所示。

图 7-16　Flash 动画作品《流氓兔》

图 7-17　Flash 动画作品《绿豆蛙》

当然，Flash 也存在局限性，在制作较为复杂的动画时，Flash 让制作者感觉到有些力不从心，特别是在制作某些动作时，为了保证角色造型的统一，必须一张一张地绘制。例如，动画中经常碰到的转面动作（即动画角色从正面转到侧面或者从背面转到正面等）。这时用 Flash 制作比用传统方法更加费力，毕竟用鼠标和绘图笔的操作手感同真正的纸和笔绘画的差距还是相当大的。如果碰到需要逐帧渐变的复杂动作，传统方法中的复制台和纸笔的优点就会显现出来，此时使用传统动画制作方法，不管多么复杂的动作都可以顺利解决。

另外，使用 Flash 制作动画时在矢量绘图上也会体现其局限性。因为在计算机中绘制画面时，很难控制笔触的准确运行。若是画风简洁且卡通些的角色问题不大，但是要绘制写实和精细风格的角色就会使制作者感到力不从心了。而且，在绘制背景时这个问题更加明显，矢量图虽然具备可以无限放大而不失真，文件体积小等优点，但与位图相比仍然存在致命的缺陷：过渡色很生硬单一（即色彩不够丰富和图像效果不够自然等），如图 7-18 所示。由于这是 Flash 无法回避的弱点，在制作动画作品时不得不采用其他软件或者手工绘制位图，只是这样又反映出与 Flash 的原本优势背道而驰的现象——文件体积增大。

图 7-18　矢量背景

Flash 存在的这些问题，在目前阶段仍然缺乏一个行之有效的解决方法。

7.1.3　使用传统动画的技术手段增强 Flash 动画的表现效果

既然传统动画制作方式与 Flash 动画制作手段各有所长，那么可以综合二者各自的优势，取长补短，制作出更加优质的动画。

前面提到过，动画中经常会碰到转面动作，如果全部依赖 Flash 进行制作会有相当大的难度，那么完全可以在制作时使用传统动画制作方法先在纸张上绘制初稿后，通过扫描等方式输入计算机，再使用 Flash 的画笔工具进行勾线和使用调色板填补色彩。这样操作既保证了动画的准确性与造型的统一，避免了角色在动画过程中发生型变，同时又利用 Flash 的矢量特性克服了其自身的缺陷，如图 7-19 所示。

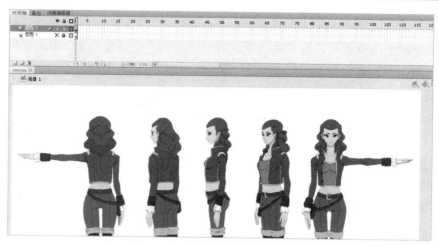

图 7-19　通过手绘稿制作矢量图形

事实上，在动画制作过程中有很多动作无法通过 Flash 的补间动画来完成，此时可以使用传统动画的运动规律来绘制逐帧画面，导入后同样可以在 Flash 里面制作出完美的动画效果。

因为需要使用到传统动画的制作手段，对于制作者来说就必须掌握一定程度的传统动画知识和操作技能。在后续章节中本书将会对比进行详细的阐述。

7.2　动画中的画面构图与镜头表现

7.2.1　构图与透视

美术作品无一例外都强调构图与透视。

1．构图

均衡与对称是构图的基础，主要作用是体现画面的稳定性。均衡与对称本不是一个概念，但两者具有相同的特性——稳定，这是人类在长期观察自然中形成的一种视觉习惯和审美观念，如果违背了这个原则，图像看起来就不自然。均衡与对称都不是平均分配的，而是一种比例关系。平均分配虽是稳定的，但缺少变化，没有变化就失去了美感，因此构图最忌讳的就是画面的平均分配。对称的稳定感特别强，对称能使画面显得庄严和肃穆。例如，中国古代的大型建筑就是对称构图的典范。

在构图中，最常见的是三角构图法和三七构图原则。三角构图法和三七构图原则的构图理念常被人们称为黄金构图法，这些都是指均衡而言。三角构图，就是指在画面上同时出现 3 个表现对象的时候，不能把它们等距离放在一条线上，而应当使这 3 个表现对象之间的位置关系呈现为三角形状态。这种状态在自然界中随处可见，例如，连绵的山脉就是由无数的三角形构成，上下交错，远近相间，看起来井然有序。尽管这种状态纯属自然，并非刻意地摆放，但依然给人一种相当强烈的排列感。而三七构图原则，指的是画面的比例三七开分配。如果是横向构图的画面，左三右七或是右三左七；如果是纵向构图的画面，上三下七或者上七下三。这种三七开构图的布局在绘画界被称为最佳构图关系，如图7-20所示。

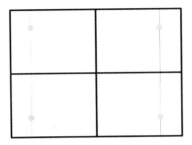

图7-20　三七构图

当然，并不是任何作品都必须遵循这种构图法则，在进行画面设计时应该因地制宜地加以灵活应用。二八比例和四六比例也可以使用，关键是要从整体画面来考虑，墨守成规是无法创作出有思想、有个性和有创新的作品的。

对比构图是为了突出和强化主题。对比法的运用，能增强艺术感染力。在创作中，既可以运用单一的对比，也可以同时运用多种对比。

对比的方法是不难掌握的，它包括形状对比与色彩对比。例如，大小对比、高矮对比、粗细对比、深浅对比、冷暖对比、明暗对比及黑白对比等。

2．透视

1）透视的概念

说到透视，首先必须知道什么是透视点、视平线及地平线。视平线就是与眼睛平行的一条线。当我们朝远方望去，在天地相交或水天相接的地方有一条明显的分界线，这条线叫地平线。视平线则随眼睛的高低而变化，人站得高，视平线随着升高，看到的地方也就越远，"欲穷千里目，更上一层楼"就是这个道理。反之，人站得低，视平线也就低，看到的地方也就近。按照透视学的原理，在视平线以上的物体（如树木、建筑和高山等），近高远低，近大远小；在视平线以下的物体（如道路、地面和海洋等），近低远高，近宽远窄。因此，以人的眼睛所视方向为轴心，上下左右向着同一个方向延伸，最终聚集到一个点上，并且该点消失在视平线上，这就是透视点，透视图如图7-21所示。

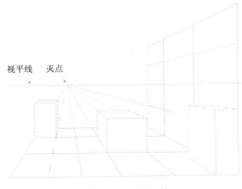

图7-21　透视图

2)透视的原理

透视的近大远小原理。同样大小的物体,距人眼睛近时,在眼前构成的视角大,在视网膜上所形成的影像也大;距眼睛远时,在视网膜上形成的影像也小。对象的远近空间感是近大远小的视觉补充,清晰与模糊可以直接体现这一点的视觉印象。同样大小的平面或等长的直线,如果与视线接近平行,看起来就显得小,如果与视线接近垂直,看起来就显得比较大,如图7-22所示。在摄影技法中,常以此种手段来突出主体,营造空间层次。

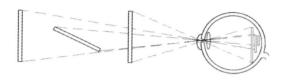

图 7-22 透视成像原理

3)透视的分类

透视包括平行的一点透视、两点的成角透视,以及在非平视状态下三点倾斜透视。

(1)平行的一点透视:在立体三度(宽、高、深)中任何二度与投影面平行,则有一点消失点在视平线上,如图7-23所示。

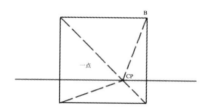

图 7-23 平行的一点视图

(2)两点的成角透视:在立体三度(宽、高、深)中,任何一度与投影面平行,则有两点在视平线上消失,如图7-24所示。

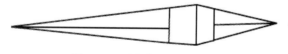

图 7-24 两点的成角透视图

(3)非平视状态下三点倾斜透视:在立体三度(宽、高、深)中,任何一度均不与投影面平行,则有三点消失在视平线上,如图7-25所示。

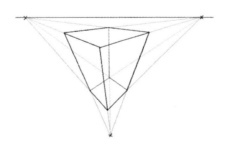

图 7-25 非平视状态下三点倾斜透视图

7.2.2 镜头语言与镜头使用

Flash 动画是动画片的一个分支，自然也需要用到电影镜头的表现方法和使用技巧。因此，适当了解电影的镜头语言是很有必要的。

- 蒙太奇：是法语"montage"的音译，可理解为组合与剪切。指的是将一系列在不同地点、不同距离和不同角度及不同方法制作的镜头有机地排列组合。
- 蒙太奇是电影创作中重要的叙述和表现手法。可分为"表现蒙太奇"与"叙事蒙太奇"。"表现蒙太奇"加强艺术表现与情绪感染力，以相连的或相叠的镜头、场局和段落在形式上或内容上的相互对照冲击，产生比喻，象征的效果，引发观众的联想，创造更为丰富的含义，从而表达某种心理、思想、情感和情绪；"叙事蒙太奇"则以展现事件为目的，包括平行衔接（平行蒙太奇）和交叉衔接（交叉蒙太奇）。
- 超大远景：极其遥远的景观镜头（一般出现几率不高）。
- 普通远景：深远的镜头景观。根据景距的不同，又可分为大远景、小远景和半远景3个层次。
- 大全景：通常用来介绍影视作品的环境氛围，包含整个拍摄主体及周围大环境的画面。例如，电影中大部队行进时所采用的拍摄方法，如图7-26所示。

图 7-26　大全景

- 中全景：摄取人物全身或较小场景全貌的影视画面。在中全景中可以看清人物动作和所处的环境，如图7-27所示。

图 7-27　中全景

- 小全景：相比"中全景"要稍小，但仍然保持相对完整的画面规格，如图 7-28 所示。

图 7-28　小全景

- 中景：指摄取表演性场面的常用景别，指人物小腿以上部分的镜头，如图 7-29 所示。

图 7-29　中景

- 中近景：即"半身像"，指从腰部到头的镜头，如图 7-30 所示。

图 7-30　中近景

- 近景：摄取胸部以上的镜头画面，有时也用于表现景物的某一局部，如图 7-31 所示。

图 7-31　近景

- 特写：近距离表现对象。通常以人的头像为取景参照，强调对象局部或相应的景物细节等，如图 7-32 所示。

图 7-32　特写

- 细部特写：突出对象局部，如眉毛、眼睛和手指等。例如，影片《兵临城下》中描写狙击手的部分镜头，如图 7-33 所示。

图 7-33　细部特写

- 推镜：指被摄体不动，由拍摄机器进行向前运动进行拍摄，取景范围由大变小，主要分快推、慢推和猛推，如图 7-34 所示。

图 7-34　推镜

- 拉镜：被摄体不动，由拍摄机器进行向后的拉摄运动，取景范围由小变大，也可分为慢拉、快拉和猛拉，如图 7-35 所示。

图 7-35　拉镜

- 摇镜：指摄影机或摄像机位置不动，机身依托于三角架上的底盘进行上下、左右或旋转等运动，使观众如同站在原地环顾、打量周围的人或事物，如图 7-36 所示。

图 7-36　摇镜

- 移镜：又称移动拍摄。从广义上来说，运动拍摄的各种方式都为移动拍摄。但从狭义上理解是把摄影机或摄像机安放在运载工具上，沿水平面在移动中拍摄对象，如图 7-37 所示。

图 7-37　移镜

- 跟镜：指跟踪拍摄。包括跟移、跟摇、跟推、跟拉、跟升和跟降等多种拍摄方法结合在一起，进行拍摄。
- 升、降镜头：上升或下降过程中的拍摄。
- 俯、仰镜头：自上朝下俯拍，自下朝上仰拍。常用于宏观地展现环境和场合的整体面貌。
- 扫摇镜头：指从一个被摄体迅速移向另一个被摄体，表现急剧的变化，作为场景变换的手段时不露剪辑的痕迹。
- 航拍镜头：它有广阔的表现力。例如，电影《大决战》中战场的描写，如图 7-38 所示。

图 7-38　航拍

- 空镜头：又叫景物镜头，指没有剧中角色（不管是人还是相关动物）的纯景物镜头，如图 7-39 所示。
- 切镜：转换镜头的统称。任何一个镜头的剪接，都是一次"切"。
- 短镜头：指 30s 以下的连续画面。
- 长镜头：在 30s 以上的连续画面。

在动画作品中，长、短镜头的时间长度都大大缩短了。特别是 Flash 动画，快速的镜头切换使用频率非常高，经常出现数个 1s 左右，甚至不足 1s 的镜头连续高速切换，从而达到炫目多变的视觉效果。

图 7-39　空境

- 变焦镜头：摄影机或摄像机不动，通过镜头焦距的变化，突出不同景距的表现对象。
- 主观镜头：即表现角色的主观视线和视觉的镜头，多用于心理描写。
- 入画：指角色进入镜头中，可以通过上、下、左、右等多个方向离开镜头画面。
- 出画：指角色原在镜头中，由上、下、左、右等多个方面离开镜头画面。
- 淡入：又称渐显。指下一段戏的第一个镜头光度由零度逐渐增至正常的强度，如图 7-40 所示。

图 7-40　淡入

- 淡出：又称渐隐。指上一段戏的最后一个镜头由正常的光度逐渐变暗到零度，如图 7-41 所示。

图 7-41　淡出

- 化：前一个画面刚刚消失，第二个画面又同时涌现，两者是在相互融合的状态下完成画面内容的更替。其主要用途为：用于时间转换；表现梦幻、想象、回忆等；或者表现景物变幻莫测、令人目不暇接。化的过程通常有 3s 左右，如图 7-42 所示。

图 7-42　化

- 叠画：是指前后画面各自并不消失，都有部分"留存"在银幕上。通过分割画面，表现人物的联系或推动情节的发展等。
- 定格：是指将电影胶片的某一格或电视画面的某一帧，通过技术手段，增加若干格或帧相同的胶片或画面，以达到影像处于静止状态的目的。通常，电影和电视画面的各段都是以定格开始，由静变动；最后以定格结束，由动变静。

提 示

动画作品中的定格使用非常多，远远超出普通影视片的使用频率，因为处于制作的需要，经常要进行分层操作。例如，表现一个人在说话，那么活动的嘴部单独分层继续动作变化，而没有动作的头部（不包含嘴部）就可以用不动层（只画一张）的方式定格处理。

7.3 动画基本力学原理

自然界中的任何物体和动作现象都来源于力的作用。由于受到各种力的制约和影响，它的运动状态才会发生各式各样的变化。

当一个物体受到力的作用，会由静止状态变成运动状态，也可能由于力的作用，从运动状态变成静止状态。这一切运动状态改变的过程都会受到动力和阻力、摩擦力及重力等的影响。根据力的不同态势可将其可大致分为两类：作用力与反作用力。这两种分类没有具体定义，他们各自包含着所有种类的力。例如，人或物在向上移动时，重力成为阻碍上升的反作用力；但如果人或物改为向下移动时，重力反而成为加速下降的作用力。

动画是表现动作的艺术，理解力对于动作的影响至关重要。遵循了力学原理，符合自然现象，才能得到观众最基本视觉认可；只有满足观众的视觉习惯，才能制作出受欢迎的动画作品。

7.3.1 加速、减速与匀速运动

动画中速度的产生有3个基本要素，即距离、时间和帧数。
- 距离：指动作的大小幅度（第1个关键帧和第2个关键帧两个动态画面之间的空间距离）。距离远，动作的速度就快；反之，动作速度就慢。
- 时间（以帧为单位）：是指动作执行所需的时间长短（第1个关键帧和第2个关键帧两个动态画面之间的执行时间）。时间短，动作速度就快；反之，动作速度就慢。
- 帧数：指的是第1个关键帧和第2个关键帧两个动态之间所需时间的多少。时间短、帧数少的动作速度快；时间长、帧数多的动作速度慢，如图7-43所示。

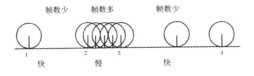

图7-43 速度与帧数

速度的表现是通过加速、减速与匀速 3 种状态来实现的。

速度来源于受力的大小，受力大则速度快；相反，受力小则速度慢；在相同空间中，运行时间长的速度慢，运行时间短的速度快。既然速度有快慢之分，当然就有快慢之间的转换，而动画制作的工作正是要设计动作并且把握各动作之间的转换与衔接。因此，加速、减速及匀速的运动就在动画设计中显得相当重要了。

- 加速运动：起始帧和结束帧之间所有帧的画面距离不等，是从小到大依次排列。例如，一个启动中的汽车车轮，因为受到发动机产生的动力及自身质量产生的惯性加速度等因素的影响，它前进的速度将会越来越快。根据这个原理，在设计动画时，在动作的启动阶段，为了强调画面效果，表现动作力度，往往使用加速运动来表现。加速运动示意图如图 7-44 所示。

图 7-44　加速运动示意图

- 减速运动：起始帧和结束帧之间所有帧的画面距离不等，是从大到小依次排列的。例如，在地面滚动的球，因为受地面的摩擦力和空气阻力的影响，它的运动速度在滚动的过程里会逐渐衰减，直到最后前进的作用力消失而静止。我们在设计动画时，常用减速手段表现动作的结束阶段；在表现力量比较大的动作时，初始阶段积蓄力量也用减速运动来增加动画效果，其后再以很少的帧数完成发力动作，通过将两者进行对比的手段来强化视觉效果。减速运动示意图如图 7-45 所示。

图 7-45　减速运动示意图

- 匀速运动：起始帧和结束帧之间所有帧的画面距离相同，并且所用时间也相等。例如，正在行驶中的火车和飞机等，始终保持着相对恒定的速度。匀速运动示意图如图 7-46 所示。

图 7-46　匀速运动示意图

在动画的设计制作中，基本不可能只遇到单一的运动速度，通常遇到的是多形态速度的变化与组合，需要具体对待，灵活处理，速度的变化与组合示意图如图 7-47 所示。

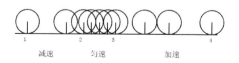

图 7-47　速度的变化与组合

7.3.2 自由落体、抛物线与反弹

在日常生活中，速度的体现是随处可见的。其中，最常见且最容易理解的有自由落体、抛物线与反弹。

- 自由落体：指在重力作用下降落的物体。以小球下落为例，随着小球下落距离的增加，它在单位时间内移动的距离逐渐加大，如图7-48所示。
- 抛物线：平面内，到一定点下和一条直线L距离相等的点的轨迹（或集合）。以抛出且渐渐下落的球为例（这是抛物线的典型实例），它在初始阶段的速度较快，单位时间里移动的距离较大，随着球体的升高和重力的影响，其上升趋势逐渐减缓，单位时间里移动的距离也逐渐变小；在开始回落后，同样由于重力的影响而使小球的速度逐渐加快，其现象与上升的状态正好相反，如图7-49所示。
- 反弹：运动的物体遇到障碍物后，向相反的方向弹回。以反弹的小球为例，它上升的过程与抛物线的状态类似，由快至慢逐渐减速；遇到障碍后因受到障碍物施加的反作用力的影响，小球的速度由慢至快，呈加速运动状态，如图7-50所示。

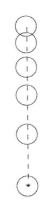

图 7-1 自由落体

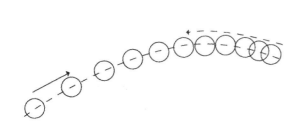

图 7-49 抛物线

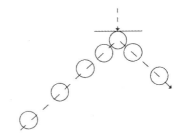

图 7-50 反弹

7.3.3 运动中的形变

同样是由于受力的影响，物体在运动过程中因其质地的不同或多或少都会发生形变。在日常生活中，这种现象几乎不被肉眼觉察，但它确实存在的。因此，作为动画的表现手段之一，我们将它加以夸大，使画面效果更具感染力。

形变的因素大致分为两种：弹性变形和惯性变形。

以皮球落地弹起为例，由于自身重力和地面反作用力导致皮球在与地面接触后立刻向上反弹。在落地的瞬间，由于前进的趋势突然受阻，球体在两股力量的作用下被压扁，弹离地面后逐渐又恢复原有的形状，如图7-51所示。整个过程经历了压扁、拉长和复原3种形态。这便是弹性变形。当然，并非只有皮球才有这种现象，其他物体也由于质地和力量大小等诸多因素，在不同程度上都具备这一现象。

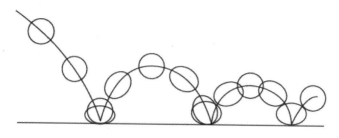

图 7-51　反弹变形

任何物体受到力的作用改变当前形态，都会产生惯性，可以是从静止状态到运动状态，也可以是从运动状态到静止状态。我们根据这一原理，在动画创作中加以夸大，从而达到强调和突出画面效果的目的。以快速行使的汽车为例，如果它的质地不是那样的坚硬，而仿佛气球般柔软和富有弹性，那么在突然刹车的时候必然会产生巨大的形体变化，所以在设计动画时，可以暂时抛开汽车质地的限制，根据我们的想象加以夸大。这样，我们得到了非常具有穿透力的视觉效果，如图 7-52 所示。

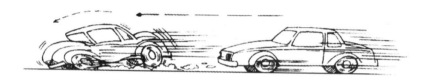

图 7-52　惯性变形

7.4　速度与节奏的把握

7.4.1　预备与缓冲的概念

在生活中，无论做任何动作，人体总会在动作之前进行一些必要的准备工作。例如，起始状态是站立的，将要做出的动作目的是坐下。在弯曲双腿坐下之前，人体将经历一个弓腰和提臀的过程。这个过程就是坐下动作的预备阶段。坐到凳子上以后，身体仍然是向前倾斜的状态，这个姿态使人觉得很不舒服，无法长久保持。因此虽然已经坐在凳子上，而动作过程还没有结束，势必有一个使上身恢复直立的动作，这个由倾斜到直立的动作过程便是坐下动作的缓冲部分。

例如立定跳远，这是一个人从站立状态下向前跳跃的动作：首先，需要曲体并且下蹲，双臂后摆，上身前倾，目的是积蓄跳跃的力量（这个动作是个明显减速过程），然后双臂猛力前挥，快速伸展躯体，使力量迅速爆发，利用腿部向下蹬踏的力量和地面的反作用力使身体从地面向前方腾空跳起。在空中移动时，再度将伸展的躯体逐渐弯曲，目的是使双腿能够向前探出，完成了这一步，基本上已经快要落到地面了。

一般来说，落地的部位肯定是脚（没人愿意用脸部或者身体上除脚之外的其他部位去着陆），由于惯性的原因，虽然脚部落在地面停止了前进，但身体由于惯性依旧保持着前进的态势。为了不使身体因重心过分前移而导致趴倒，身体会出于本能做下蹲动作，使重心降低消减向前的惯性。直到身体恢复平衡，才能直起身体恢复站立的姿态。

在这个动作过程中，"曲体并且下蹲，双臂后摆，上身前倾"的过程是整个跳跃动作的预备阶段，而落地后的"下蹲"一直到"起身恢复站立"则是整个动作的缓冲阶段，如图 7-53 所示。

图 7-53　预备与缓冲

作为一个动画设计者，在进行动作设计时必须考虑到预备和缓冲在动作过程中的重要性。任何动作，不论幅度是大是小，都存在这样的过程：预备——动作进行——缓冲。

在一系列组合动作中，一个动作结束时的缓冲阶段往往就是下一个动作的预备阶段，每个动作之间环环相扣，少了任何一个环节都会导致失去重心，而使整个动作设计失败。

7.4.2　选择动作关键帧

动作关键帧的选择与传统动画中的原画设定类似。关键帧并非单纯指的是动作的起始帧和结束帧，而是指在动作实施过程中所有运动方向发生改变时的画面。关键帧的选择对于动画表现效果起着非常重要的作用。

例如，一组连续动作的图片，可以通过调整关键帧的位置和图片次序达到不同的表现效果。如果按顺序依次排列，得到的动画效果较为平淡，如图 7-54 所示。

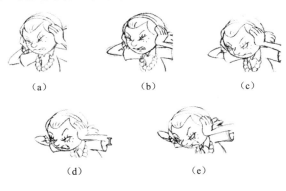

图 7-54　一般顺序

换一种排列方式，把图 7-54（c）置于图 7-54（b）的前面，并在图 7-54（e）后重复一帧图 7-54（d）和（e），得到的是更加强烈的情绪效果。如图 7-55 所示。

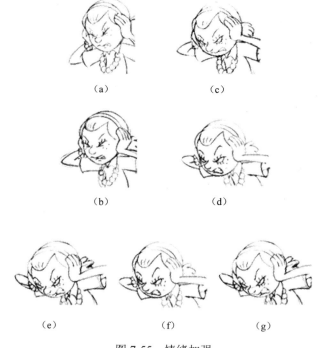

图 7-55 情绪加强

再换一种排列顺序，图 7-55（a）后面直接跟图 7-55（d）和（e），然后再放图 7-55（c）和图（b），这样就得到一个从剧烈变化到逐渐缓和的情况效果，如图 7-56 所示。

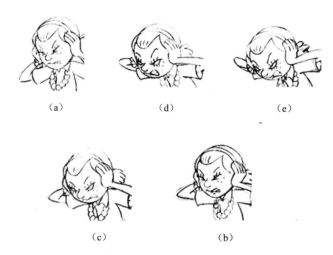

图 7-56 情绪逐渐缓和

通过关键帧的选择，可以加强角色动作力度和改变角色情绪状态。在选择关键帧时，应尽量多做些尝试，往往会有意想不到的收获。

7.4.3 如何处理关键帧之间的长度

选择关键帧后，就要安排相邻关键帧之间的间隔跨度，这一步如果处理不好，会导致前面的努力全部白费了。

关键帧相互间隔的控制就是对动画速度与节奏的把握，除逐帧动画外，关键帧之间的间隔都是由补间来填补。前面章节中已经提到：速度形态不是恒定不变的，是由加速运动、减速运动和匀速运动相互交替组合形成的。单纯从速度的角度来说，运动速度快的，动画帧数就少；运动速度慢的，动画帧数就多。因此，加速运动时，先期的速度比较慢，动画帧数多，随着速度的逐渐增加，动画帧数则逐渐递减。任何动作都会经历从加速到匀速，再由匀速到减速，直至静止，这是最基本的变化过程。

在动作设计中，除了加速、减速和匀速，还有一个要点不能忘记——停格（画面停顿）。合理地使用停格，可以有效地控制动作的节奏，强化视觉效果。

处理动作中的停格，需要有一定的实际操作经验和必要的动作常识，停格使用的位置和时间的长短都是很讲究的。因此，作为一个设计人员，需要深入地研究和体会日常生活中的很多动作细节。

停格的使用有如下一些基本规律（以 24 帧/s 计算）。

- 1~3 帧的停格：基本不属于停格的范畴，它在动画片里仍然具有视觉的连续效果。
- 4~6 帧的停格：这个长度的视觉效果只是使动作略有间隔。一般放在一个动作的结束和另一个动作的开始之间，目的只是给连续的动作一个节奏，使之错落有致，达到顿挫感。
- 7~12 帧的停格：这个长度的定格效果也不大，只是让动作适当停顿，使观众清楚关键动作的形态与相关表情。
- 13~17 帧的停格：有较长的停顿。一般只运用在一组连续性较强的动作或者一个较大并且用时较长的动作末尾，达成最后的停止状态。
- 18 帧以上的停格：基本上很少使用。当然，日本动画中非常多见，这是整体创作手法和风格，甚至在资本运作方式上也存在差异。

总的说来，停格的处理不能墨守成规或生搬硬套，应当根据实际情况具体对待，灵活地加以运用。使之成为把握与体现时间与节奏的良好手段。

速度与节奏的表现手法有很多，其中模糊和流线效果的使用相当广泛。当一个物体运动得快时，所看到的物体形象是模糊的。当物体运动速度加快时，这种现象会更加明显，此时我们只能看到一些模糊的线条，如电风扇旋转时的扇页或自行车运动时的车轮等。

如图 7-57 所示，从视觉上讲，只要看到这样一些线条，就会有高速运动的感觉。在动画中表现运动物体，往往在其后面加上几条线，就是利用这种感觉来强化运动效果，这些线称之为速度线。

速度线的运用，除了增强速度感之外，在动画的间隔比较大的情况下，也作为形象变化的辅助手段。一般来说，速度线不能比前面的物体的外形长。但有时为了使表现的速度有强烈的印象，常常加以夸张和加强，如图 7-58 所示。

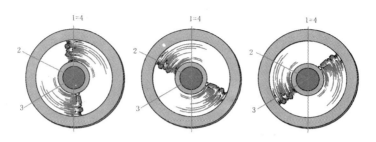

图 7-57　流线的运用

图 7-58　强化流线营造效果

7.5　曲线运动技巧与时间控制

曲线运动技法在动画制作中的应用极为广泛，从小草树叶、流水篝火到旗帜横幅，甚至是人物的秀发衣袂和动物的毛羽长尾等，几乎无处不在。因此，动画中曲线效果的表现十分重要。

曲线运动基本具有 S 形轨迹、尾部跟随和受外力影响明显等特征。移动的手绢曲线运动，如图 7-59 所示。

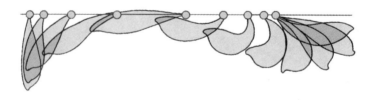

图 7-59　手绢运动示意图

手绢从右至左移动，由于质地轻柔，本身的受力面积较大，因此在移动的过程中受到空气阻力的影响，中下部分比上部移动要慢一些，形体上也变成 S 形状态。需要注意的是，手绢的尾部的移动轨迹与上部的直线移动明显不同，其呈现 S 轨迹。

上部移动结束停止后，中下部仍然依照惯性继续向前移动并且超出上部停止的位置很多，直至向前的惯性全部消失后，再逐渐下落恢复静止。

例如，兰花修长的叶子，质地柔软，在风的吹动下发生摆动变化。与前面所讲的手绢不同，叶子的根部是不会移动的，如图7-60所示。

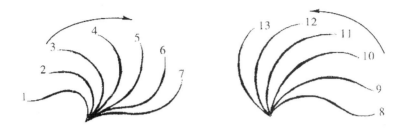

图7-60　草叶运动示意图

叶子的中间部分因受力面积大，因此叶子首先开始顺着风的走势移动，尖端部分由于受到惯性及中部向前拖动的合力产生了同中间部分相反的运动轨迹，整片叶子因此呈现S形状态；随后尖端依着大趋势跟随中间部按风的运动方向移动（1～7）；风的力量消失后，自身的固有形态促使叶子恢复原状（8~13）。至此，一个完整的曲线运动过程结束了。

擦地的拖把在清洁地面的过程中同样遵循这样的规律，如图7-61所示。

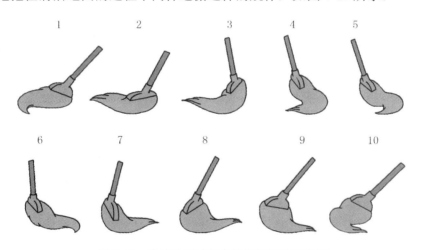

图7-61　清洁地面过程中的拖把运动示意图

拖把的动力来自手柄，其余柔软的部分完全受动力、摩擦力和惯性的支配。与手柄连接的部分最先依据力量的方向发生移动，中部和末端在摩擦力和惯性的影响下依次发生变化。

7.6　曲线运动相关的动画案例

7.6.1　运用单线条制作一个曲线动画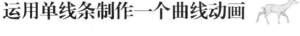

由于曲线运动的变化比较独特，因此只能逐帧绘制，不能使用补间。画面中以红色圈标来注明曲线弧度和尾端的变化过程。

01 新建一个 ActionScript 3.0 文档，设置帧频为 12fps，使用"画笔工具"绘制一根曲线，如图 7-62 所示。

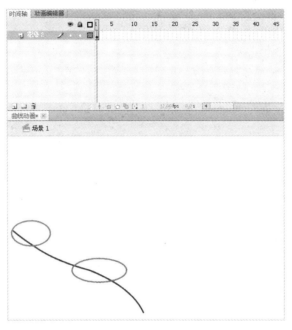

图 7-62　绘制第一帧曲线

02 在第 2 帧绘制变化后的线条，注意标示位置的变化，中间受力部分向上，尖端跟随部分因惯性向下，如图 7-63 所示。

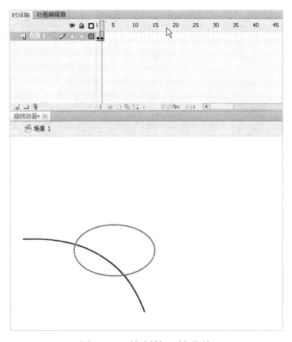

图 7-63　绘制第 2 帧曲线

03 绘制第 3 帧。中间部分弧度加大，尖端开始与线条整体走势一致，如图 7-64 所示。

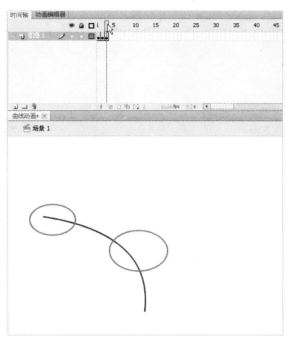

图 7-64　绘制第 3 帧曲线

04 使线条保持相似态势向前运动，如图 7-65 所示。

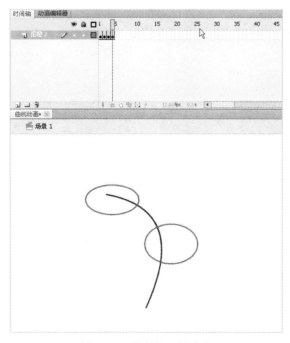

图 7-65　绘制第 4 帧曲线

05 线条继续向前移动,中间的弧度略微减小,如图 7-66 和图 7-67 所示。

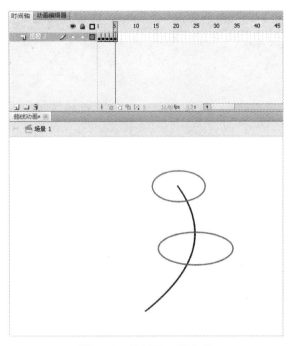

图 7-66 绘制第 5 帧曲线

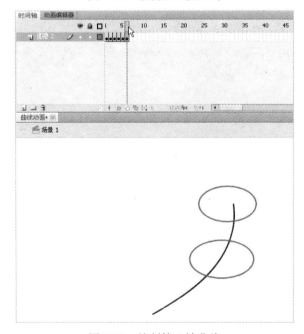

图 7-67 绘制第 6 帧曲线

06 线条根部由于力量状态的改变开始产生逆向运动,中部和尖端按照惯性继续保持原有态势,如图 7-68 所示。至此第一阶段结束,线条形态和图 7-62 正好相反。

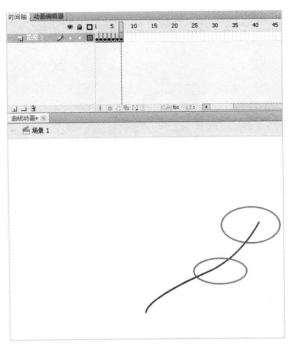

图 7-68 绘制第 7 帧曲线

07 接下来,根据第一阶段的绘制方法,再进行反向绘制,直至回到第 1 帧的位置,如图 7-69～图 7-74 所示。

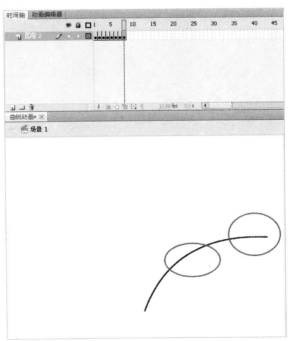

图 7-69 绘制第 8 帧曲线

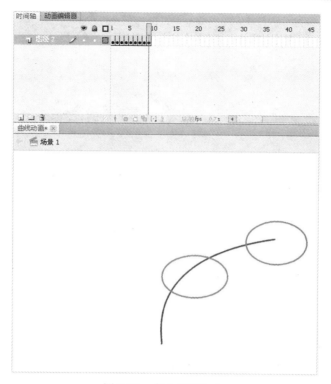

图 7-70 弯曲幅度加大

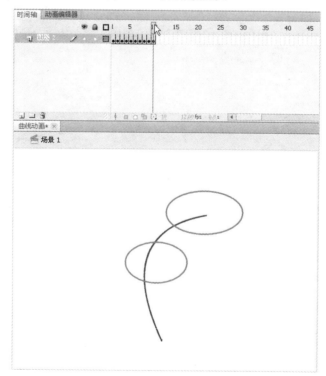

图 7-71 自右向左移动

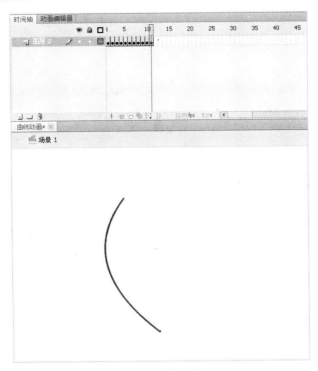

图 7-72　注意弧形变化

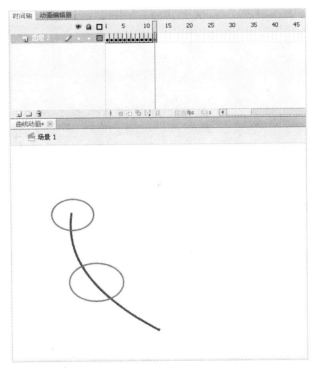

图 7-73　惯性走向

08　制作完成后,按"Ctrl+Enter"组合键预览动画。动画效果详见光盘实例"曲线动画"。

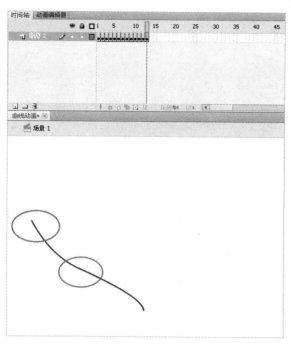

图 7-74 根部开始回复

7.6.2 以随风摆动的旗帜为对象制作动画

01 新建一个 ActionScript 3.0 文档,设置帧频为 12fps,使用"画笔工具"绘制一面旗帜,如图 7-75 所示。

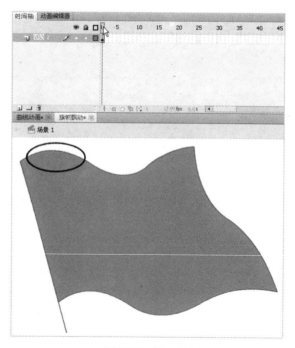

图 7-75 第 1 帧

02 在第 2 帧处新建关键帧,再绘制一张图片,注意弧线位置依次向后移动,如图 7-76 所示。

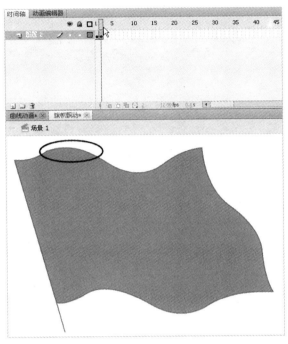

图 7-76　第 2 帧

03 依次完成第 3~8 帧的绘制,如图 7-77~图 7-82 所示。

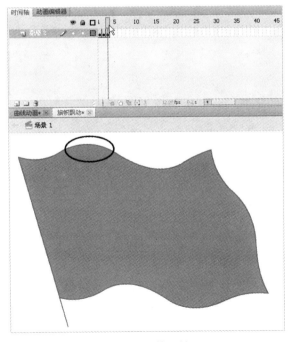

图 7-77　第 3 帧

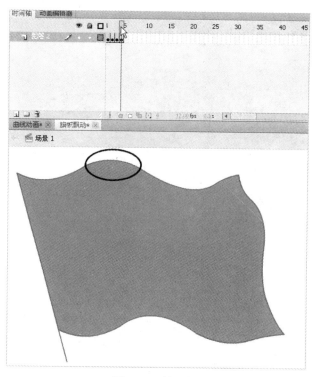

图 7-78　第 4 帧

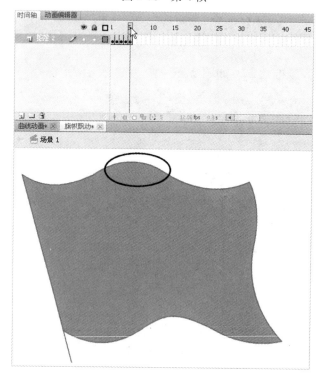

图 7-79　第 5 帧

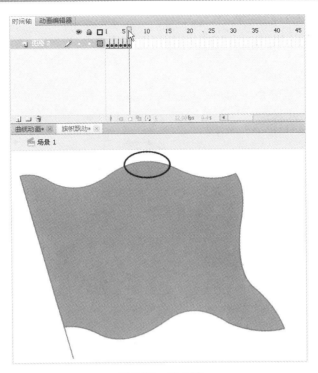

图 7-80　第 6 帧

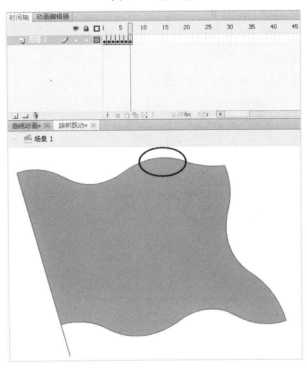

图 7-81　第 7 帧

04　制作完成后,按"Ctrl+Enter"组合键预览动画。动画效果详见光盘实例"旗帜飘动"。

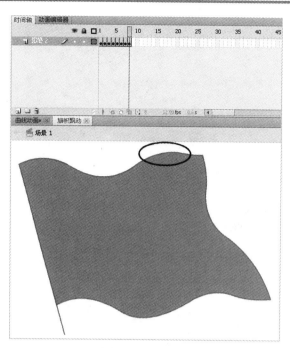

图 7-82　第 8 帧

7.6.3　制作翻动的纸张动画

01　新建一个 ActionScript 3.0 文档，设置帧频为 12fps。使用"线条工具"和"选择工具"绘制纸张图形，如图 7-83 和图 7-84 所示。

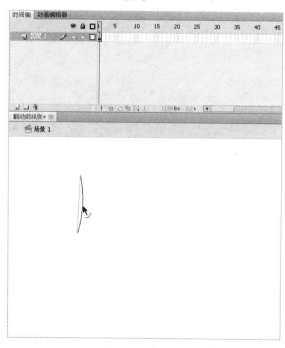

图 7-83　第 1 帧

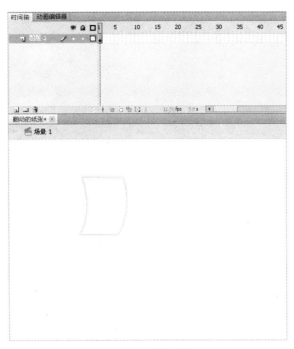

图 7-84　第 2 帧

02　使用"颜料桶工具" 和"墨水瓶"工具 为画面上色，如图 7-85 所示。

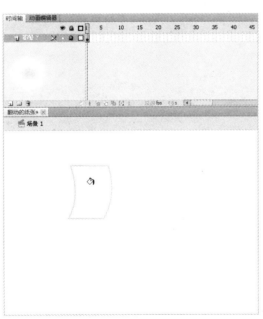

图 7-85　为画面上色

03　依次绘制出后续帧的图片，注意纸张形态的变化，如图 7-86～图 7-90 所示。

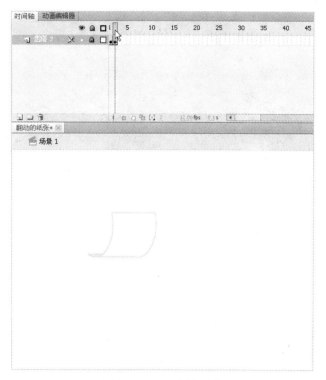

图 7-86　纸张向下卷曲

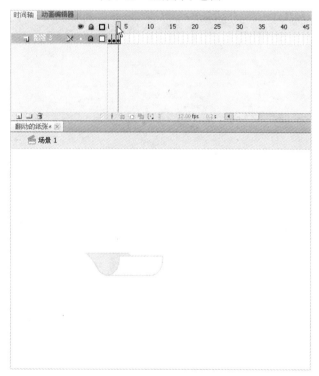

图 7-87　下卷幅度逐渐加大

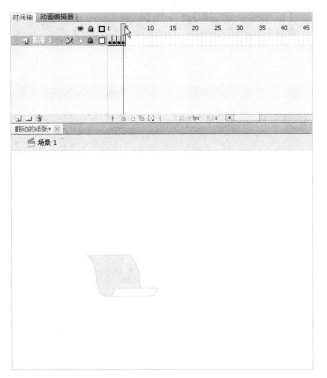

图 7-88　尾梢尚未到达最低点，根部已经开始向上

图 7-89　尾梢下沉，根部上抬

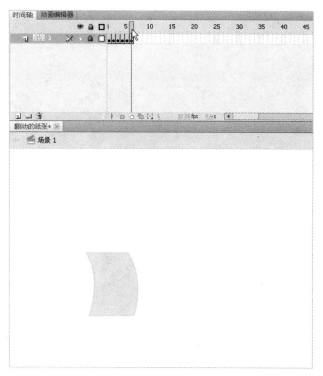

图 7-90 尾梢舒展

04　第一阶段动画完毕。反方向进行第二阶段动画操作，使其形成一个可循环动画，如图 7-91～图 7-94 所示。

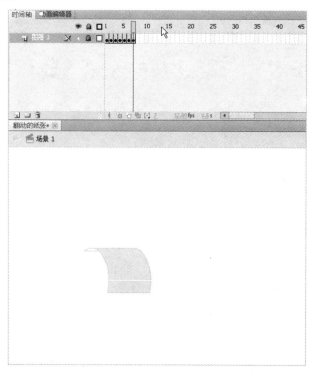

图 7-91 整体上扬

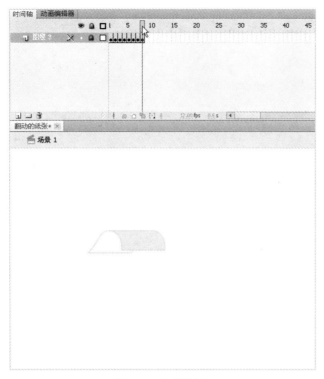

图 7-92　逐渐抬高

图 7-93　与第 6 帧状态一致方向相反

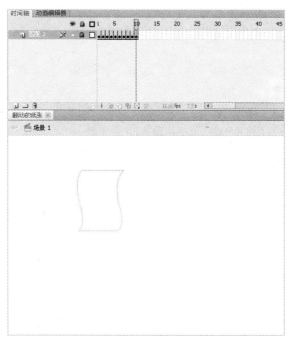

图 7-94　舒展回到第 1 帧

05　循环动画制作完成后，按"Ctrl+Enter"组合键预览动画，如图 7-95 所示。动画效果详见光盘实例"翻动的纸张"。

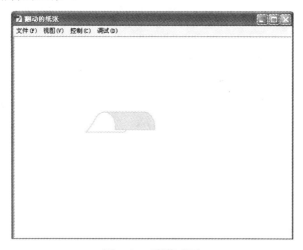

图 7-95　预览动画

第8章 Flash 动画制作方法

　　Flash 动画作的初学者往往有这样的误解，认为只要掌握了软件就能做出漂亮的动画。其实，使用软件制作动画和使用笔、纸绘制没什么太大的区别。

　　笔和纸是工具，软件同样也仅仅是一个工具、一个载体。因此，即便是在软件环境下，制作动画依旧需要遵循常规的动画制作规范。

本章重点：
- 动画中的肢体动作
- 动画中的表情动作
- 人形动作规律
- 动物动作规律
- 自然景观现象

8.1 人物角色动画

8.1.1 头部动作绘制技巧与时间控制

头部动作并不复杂，通常只是角度与表情变化。常见的角度变化有仰视、俯视和平视，还有一种正上方顶角俯视，出现几率极小；表情变化一般分为喜、怒、哀。

本节将探讨头部角度变化。

角度变化分为上下转动与左右转动两种。上下转动是指从低头到抬头或者从抬头到低头的角度变化；左右转动指的是自左向右或自右向左的角度变化，由于左右转动牵涉的角度较多，包括正面、斜侧面、侧面、背侧面和背面等8个方向，因此相对上下转动显得稍微复杂一些。

上下转动，如图8-1～图8-3所示。转动时，纵向中线位置不变，眼睛所在的横向中线呈上下弧度变化。

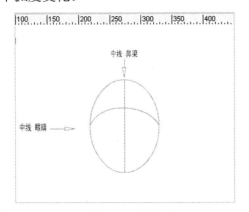

图 8-1 仰视

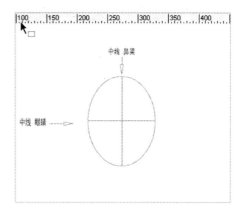

图 8-2 平视

左右转动，又称为摇头，如图8-4～图8-6所示。左右转动时，横向中线位置不变，鼻梁所在的纵向中线呈左右弧度变化。

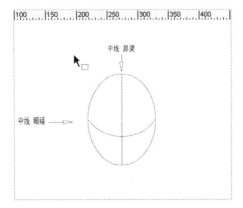

图 8-3 俯视

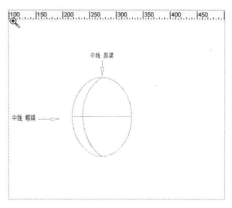

图 8-4 右侧

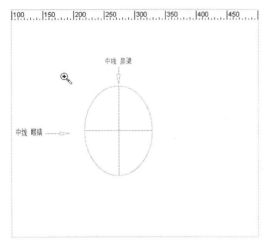
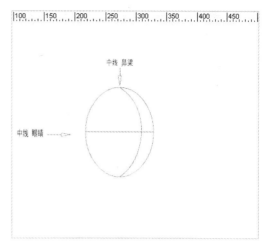

图 8-5 正视　　　　　　　　　　　　　图 8-6 左侧

1．头部动画

01 新建一个 ActionScript 3.0 文档，设置帧频为 12fps。使用画笔工具绘制一个头部造型或者在纸面上画好后导入位图，如图 8-7 所示。

02 根据头部的结构特征，制作角度变化后的画面。在绘制过程中，应注意造型的统一，包括：头部轮廓的大小、五官的位置形态、饰品和衣物的形态等，如图 8-8 所示。

图 8-7 偏正视　　　　　　　　　　　　图 8-8 转动至侧面

03 一般情况下，Flash 动画并不追求精致的动作细节，因此，不必严格效仿传统动画制作要求，只绘制关键的角度即可，如图 8-9～图 8-11 所示。

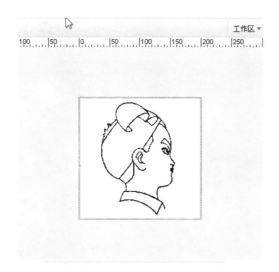
图 8-9 角度继续加大

图 8-10 转至背侧面

图 8-11 转至背面

04 制作完成后，按"Ctrl+Enter"组合键预览动画。动画效果详见光盘实例"人转头动画"。

除了一般动作的动画制作，还可以根据内容、情节及情绪的需要，通过改变关键帧之间的距离，控制转动的时间和节奏。

例如，在第1和第2关键帧之间插入5帧，第2和第3关键帧之间插入4帧，依此类推，这样就得到一个由慢至快的转动过程。反之，则能够得到由快至慢的效果。这样的操作可以用来表现角色心里状态的改变，前者可以体现从踌躇到肯定，后者则用来展现由肯定到犹豫的心理变化。动画效果参见光盘实例"人转面节奏.swf"。

再比如，使第1至第4关键帧之间都保持2帧间隔，删除后面的所有帧，在复制第1帧并粘贴到第4帧之后，同时，在第4关键帧与刚粘贴到第4关键帧之后的帧之间插入6～10帧，这样就得到一个全新的节奏：转动—停顿—急速回转。这种节奏多用于角色在动作过程中突然听见或者突然想到某件事后产生的惊讶和愤怒的情绪。如果回转前加入一个向下挤压的关键帧,则就具备了更加强烈的效果。参见配套光盘中的实例"人转面-强烈情绪效果.swf"。

8.1.2 表情变化

动画中表情变化主要通过五官位置与形态的变化来实现。刻画表情最重要的部分是眉、眼和口。

鼻子虽然位于脸部中央,但对于表情的刻画基本没有作用,相反耳朵却时常配合面部表情,做出不同的变化。

- 喜:眉和眼多呈现上弧线,嘴角上挑为下弧线。
- 怒:眉毛向中间挤压,多为倒八字形,近鼻梁处粗实;口型显得紧绷有力,嘴角扩张露齿,牙齿暴露较多。
- 哀:眉和眼多为八字形,嘴角向下,张开程度与情绪成正比,五官有聚拢趋势。可辅以眼泪。
- 惊:眉上提,可夸张至脸部轮廓之外;眼睁至最大程度;嘴部或大或小,多为 O 形。

需要注意的是,多种表情的五官变化时,不仅仅是形态,位置上也有所不同。

8.1.3 情绪变化与相应的动作反应

动画中情绪的刻画一般是通过挤压然后突然释放的方法来表现的,如图 8-12 所示。

图 8-12 挤压与拉伸

这是一个吃惊的动作表现。在睁大眼睛和张开嘴巴的基础上,夸张地加入了剧烈的反向挤压的动作:低头、弯腰、抬臂、握拳、紧闭嘴巴和双眼,更加突出了后面的向上伸展:抬头、挺胸、手臂向下、五指展开、张嘴和睁眼，与前面的挤压相互对应、相互比较，极大地加强了画面的穿透力，如图 8-13 和图 8-14 所示。

图 8-13　正常表情　　　　　　　　　　图 8-14　吃惊的表情

强化面部表情的方法也是通过剧烈的反差，以对比的手法来表现情绪变化时产生的形态变化。

8.1.4　手部动作绘制技巧与时间控制

1．手的绘制

手是动画中非常重要的辅助，能够起到加强动作力度和提高情绪感染效果的作用。手的绘制看似简单，但实际操作起来还是需要从结构开始，如图 8-15 所示。

图 8-15　手掌比例

将手掌分为手掌与手指两个部分，长度一般为 1:1。拇指指裂处于手掌部的 1/2 位置，长度基本与小指相当，画长或者画短了都显得不太自然。手指部分并拢时为浅梯形，张开时呈扇面形，中指略长，小指最短；食指与无名指的长度一般介于中指与小指之间，因人而异，如图 8-16 所示。

握拳时，拇指位于其余四指之上，第二指节外侧，手掌部由于向内挤压的缘故较平时略短，当手的画面较大时可以加以刻画，画面小时可以忽略，如图 8-17 所示。

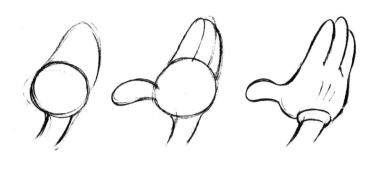

图 8-16　手指比例

图 8-17　握拳

动画中的手比较卡通简约，除写实风格外多做两指节处理，结构简单，易于绘制。抓握时圆润饱满，可忽略关节刻画。

2．手部动画与时间控制

根据卡通手的特点制作一个手部动作，新建一个 ActionScript 3.0 文档，设置帧频为 12fps，同样以逐帧形式绘制。

01　开始阶段手形自然舒展，从第 2 帧开始，角度逐渐发生变化，如图 8-18～图 8-20 所示。

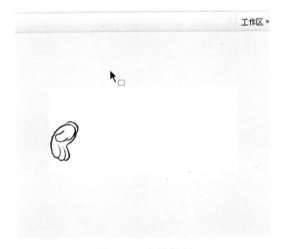

图 8-18　自然舒展　　　　　　　　　图 8-19　移动并翻转

02　在比较大的转折前需要做一帧逆向反弓，手指略朝外弯曲。这样可以增强动作效果，使动作富于变化，饱满流畅，如图 8-21 所示。

图 8-20　保持前移　　　　　　　图 8-21　逆向反弓

03 手掌放松，力量在腕部，如图 8-22 所示。

04 抬起手掌，为下面的抓握动作做准备，如图 8-23～图 8-27 所示。

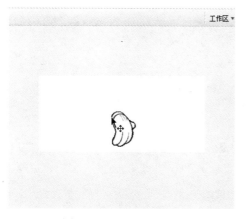
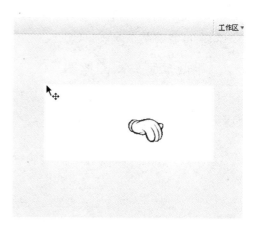

图 8-22　手掌放松前移　　　　　　图 8-23　上抬

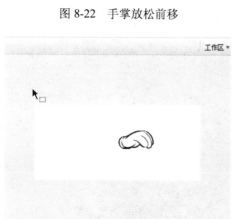

图 8-24　继续抬高　　　　　　　图 8-25　手形变化

图 8-26 舒展手形

图 8-27 打开准备向下动作

05　向下抓握是整个动作的关键所在，相比前面的转折更为重要，因此需要再做一帧逆向反弓，手指略朝外弯曲，为下面的动作做好预备，能够最大程度地凸显向下抓握的力度，如图 8-28 和图 8-29 所示。

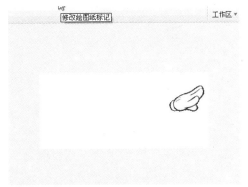
图 8-28 下沉

图 8-29 抓握

8.1.5　走路绘制技法与时间控制

1. 人物走路运动规律

人物走路运动规律如图 8-30 所示。

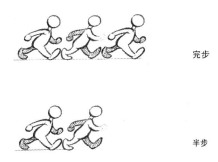

图 8-30　走路动作示意图

走路时以两条腿各向前迈出一次为一个完整的步伐，称之为完步。一个完步所需要的时间为 1 秒左右，通常情况下 12 帧/秒。这是个相对值，可依此时间值为基础做上下浮动，浮动的范围在 5～10 帧左右。时间长、速度慢的多用来表现体弱多病、年老力衰或者性格温顺等；时间短、速度快的多用来表现身强体健、年富力强或者性格急躁等。

走路时，开始与结束部分速度相对缓慢，中间部分速度相对较快，这个特点既可以通过修改时间轴来体现，也可以在画面上绘制完成后逐帧表现。

在制作过程中需要注意是，走路时身体高度发生的变化，因为走路过程中两腿分开时，身体高度会比直立时略低。在传统动画制作手法中，走路的高低起伏有以下两种基本模式。

第一种：中间最高，两端渐次降低。操作简单，是典型的日本动画风格，如图 8-31 所示。

图 8-31　简单模式

第二种：第 2 帧向下压缩最低，第 4 帧最高。需要调整画面，稍显复杂，是迪斯尼经典模式，如图 8-32 所示。

图 8-32　常用模式

提示　　在半身动画或者后退动画中，都使用第一种高低模式，另外在走路动画中不论什么时候，总会有一只脚在地面上。

走路动画是任何动画作品都不可缺少的内容，传统动画制作的走路弹性十足，动态效果良好，所以在很多 Flash 作品中依然使用了传统的走路制作模式。

2．走路动画实例

制作走路动画，有位图可以直接导入，如果没有就在 Flash 中使用画笔制作。想要达到良好的动画效果，就必须采用逐帧，如图 8-33 所示。动画效果详见光盘实例"走路有压缩.fla"。

第 8 章　Flash 动画制作方法

图 8-33　走路逐帧动画

以上都属于常规形态，还有很多特殊情况下的走路动画。如小心翼翼的走路、垂头丧气的走路和蹑手蹑脚的走路等。除此之外，还有正面和背面走路动画，都是依据这种常规形态进行高低变化的。

3．制作正面走路动画

新建一个 ActionScript 3.0 文档，设置帧频为 12fps，以逐帧形式绘制。

01 如图 8-34 所示，左腿向前，充分伸直，右腿后蹬，膝部稍曲，左臂舒张后摆，右臂前抬。

02 身体前移，左腿微曲，左脚踩实；右腿自后向前迈动，大腿抬高，膝部弯曲。两臂展开幅度减小，如图 8-35 所示。

图 8-34　第 1 帧动画

图 8-35　第 2 帧动画

03 身体继续前移，左腿逐渐伸直，右腿继续向前迈动，大腿抬高，膝部弯曲收缩，带动脚部向前，两臂基本向下，如图 8-36 所示。

199

04 身体伸展,重心偏前,右腿高抬,脚部向前蹬踩;左腿伸直,脚跟踮起,身体处于整个运动过程中的最高点,如图 8-37 所示。

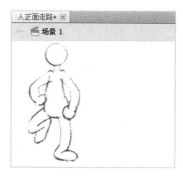

图 8-36　第 3 帧动画

图 8-37　第 4 帧动画

05 右脚迅速向下,脚跟着地,身体重心移向右脚,左脚左腿渐渐放松,如图 8-38 所示。

06 恢复到起始状态,不同之处在于四肢的位置与第 1 帧正好相反,如图 8-39 所示。

图 8-38　第 5 帧动画

图 8-39　第 6 帧动画

07 根据相同方法制作后续动作,同前面一段相比,仅仅是左右手足的位置互调,如图 8-40 和图 8-41 所示。

图 8-40　与图 8-36 相反

图 8-41　与图 8-37 相反

8.1.6 跑步绘制技法与时间控制

1. 人物跑步运动规律

跑步与走路相比，基本动态比较相似，同样需要满足起伏高低的要求，有向下压缩和向上拉伸；使用手臂摆动保持身体平衡，如图 8-42 所示。

图 8-42　跑步动作过程示意图

尽管两者有相似之处，但是有些不同的地方一定要注意，如图 8-43 所示。

	走路	跑步
脚与地面关系	始终有一只脚在地面	有腾空，两脚会同时离地
前进速度	慢	快
完步所需帧数	13	9
完步所需时间	1 秒	3/4 秒
步幅大小	小	大
四肢摆动幅度	小	大
起伏波动程度	小	大

图 8-43　走路和跑步对比

跑步时，除了图 8-43 中介绍到的要点外，身体的挤压和伸展程度也相对较大，特别是在第 2 帧的最低点及第 4 帧的最高点时体现得尤为突出，第 5 帧的腾空姿态四肢更是极大地舒展开。

2. 跑步绘制技法与时间控制

制作跑步动画。新建一个 ActionScript 3.0 文档，设置帧频为 12fps，以逐帧形式绘制。

跑步四肢的相互关系与走路相似，但是摆动幅度要大些，将几幅不同动作的图片依次导入，如图 8-44～图 8-56 所示。

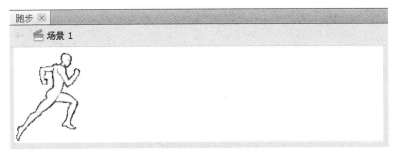

图 8-44　腾空前的姿态

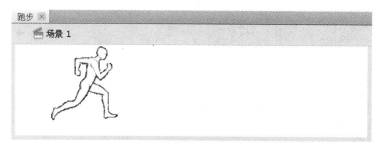

图 8-45 抬腿、身体腾空

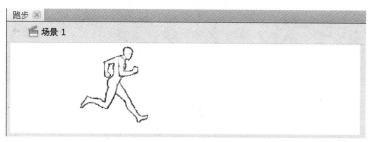

图 8-46 脚部落地

图 8-47 后腿跟上,重心前移

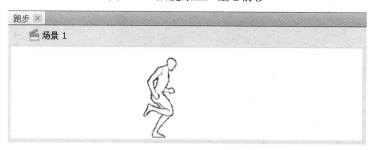

图 8-48 腿部向前摆动

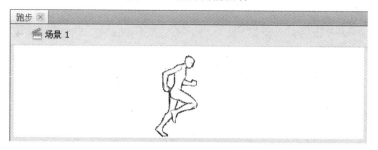

图 8-49 重心向前偏移

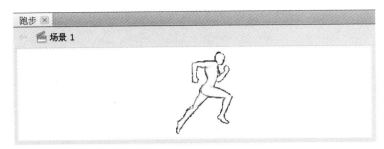

图 8-50　即将腾空

图 8-51　腾空

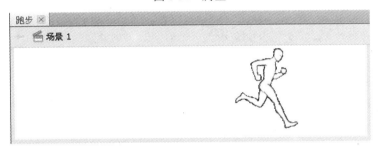

图 8-52　落地

图 8-53　重心前移

图 8-54　腿部向前摆动

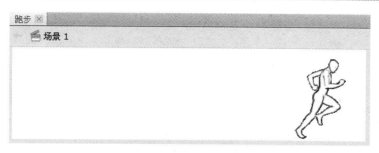

图 8-55　重心向前偏移

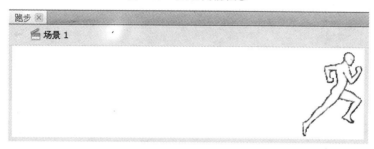

图 8-56　再次腾空

8.1.7　跳跃绘制技法与时间控制

跳跃中要注意，压缩与腾空这两个阶段的时间相对比较长，动画帧数多；而两者之间的连接部分相对来说比较短，动画帧数少。下面以蹦蹦跳跳为例，制作一段动画。

依次绘制以下动态并以逐帧形式导入到舞台，如图 8-57～图 8-63 所示。

图 8-57　双脚同时着地

图 8-58　身体前倾下压，着地的腿弯曲

第 8 章 Flash 动画制作方法

图 8-59　着地的腿用力蹬，身体迅速抬高

图 8-60　身体借势向上跃起，另一条腿抬高前迈

图 8-61　身体腾空，双臂舒展

图 8-62　身体下落，脚尖着地

图 8-63　另一只脚紧跟着脚尖落地恢复起始状态

后面数帧则左右肢体动作互换，如图 8-64～图 8-69 所示。

图 8-64　身体前倾下压，着地的腿弯曲

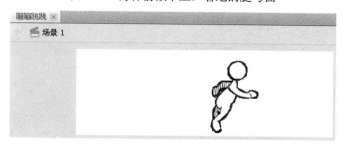

图 8-65　着地的腿用力蹬，身体迅速抬高

图 8-66　身体借势向上跃起，另一条腿抬高前迈

图 8-67　身体腾空，双臂舒展

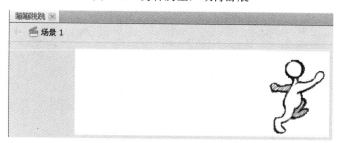

图 8-68　身体下落，脚尖着地

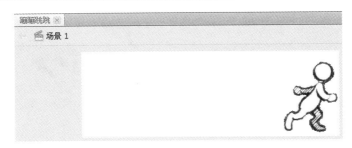

图 8-69 回复初始状态

制作完成后,按"Ctrl+Enter"组合键预览动画。动画效果详见配套光盘中的实例"蹦蹦跳跳.fla"。

8.2 动物运动规律与时间的控制

8.2.1 走路运动规律与绘制技法

动物的种类繁多,一般可以分为四条腿的兽类、飞行的鸟类、无足的爬行类、水中的鱼类,以及体型很小的昆虫类。

以此为表现对象的动画作品非常多见,有写实的也有拟人化的。拟人化的动物动作和人类动作相同,仅仅是外形上的不同,故此不再赘述。

兽类动物的运动规律

兽类从形态上可分为蹄类和爪类两种。蹄类动物有牛、马、羊和鹿等,多以草为食,足部是坚硬的蹄,头上多生作为武器的角,性格温顺。爪类动物有猫、狗、狼、狐、狮和虎等,多以肉为食,足生利爪,掌有肉垫,肌肉发达,尖牙利齿,善于奔跑,动作灵敏,具有极大的攻击性。

因为需要保持躯体平衡,走路时四条腿对角相应,左前腿与右后腿抬起向前迈动,则右前腿与左后腿支撑身体并向后蹬,反之右前腿与左后腿抬起向前迈动,则左前腿与右后腿支撑身体并向后蹬。一般情况下,后腿动作比前腿动作要快 1~2 帧,如图 8-70 所示。

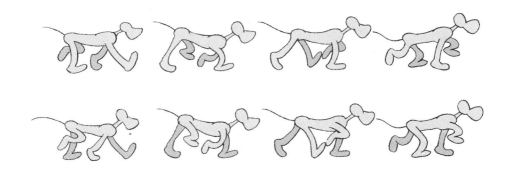

图 8-70 狗的走路规律

不同动物走路一个完步所需的时间也各不相同，马和鹿等多在 1 秒，虎、豹和狮等一般在 1.5 秒。当然这只是个参考值，可根据剧情需要做出快慢调整，如图 8-71 和图 8-72 所示。

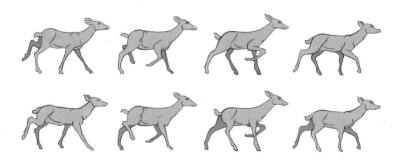

图 8-71　鹿的走路规律

图 8-72　狗的正面和背面走路图例

制作狗走路动画步骤如下。

01　新建一个 ActionScript 3.0 文档，设置帧频为 12fps，舞台大小为 450×300 像素，如图 8-73 所示。

02　绘制第 1 帧狗走路动作，如图 8-74 所示。

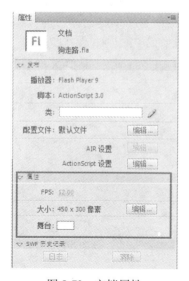

图 8-73　文档属性

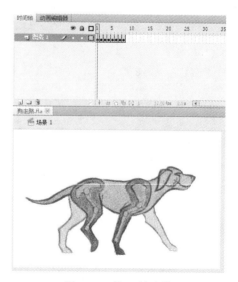

图 8-74　第 1 帧动作

03 依次绘制后续帧的狗走路逐帧动作，并使狗脚的落点逐渐后移。为了保持平衡，左前腿和右后腿支撑身体，右前腿和左后腿迈步行走。需要注意，前腿的迈步动作始终比后退的动作快一帧，如图 8-75 所示。

在走路过程中，爪部是放松的，在离开地面后，会有一个向后甩动的小细节动作。由于此后的发力部位都在腕部以上，因此，腿在向前的迈步过程中，爪的位置要比腕部略后，腿部整体姿态呈 S 形，如图 8-76 所示。

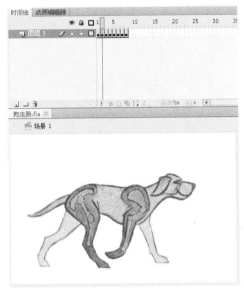
图 8-75　爪部比腕部略后

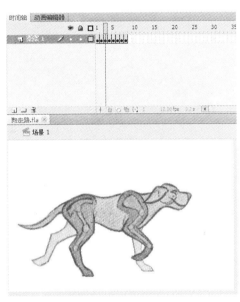
图 8-76　爪部略上推

无论前爪还是后爪，在落地前都要略做上抬，爪在下落时才发力，为落地后支撑身体做准备，如图 8-77 和图 8-78 所示。

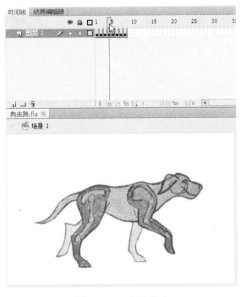
图 8-77　爪部发力

半步动作完成，另外两条腿的迈步动作，只需将左右动作互换，如图 8-79～图 8-81 所示。

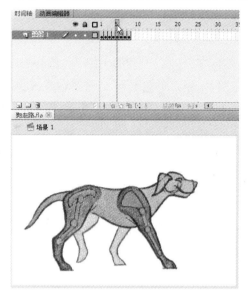

图 8-78　爪部落地

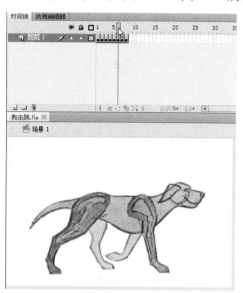

图 8-79　与第 2 帧左右肢互调

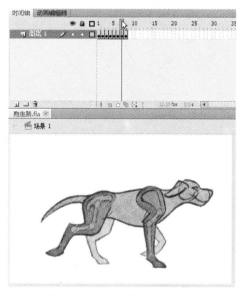

图 8-80　与第 3 帧左右肢互调

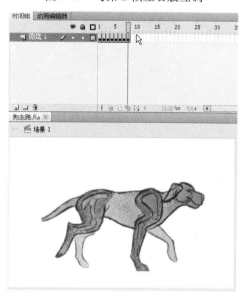

图 8-81　与第 7 帧左右肢互调

04　制作完成后，按"Ctrl+Enter"组合键预览动画。动画效果详见配套光盘中的实例"狗走路.fla"。

8.2.2　跑步运动规律与绘制技法

与人的跑步类似，动物的奔跑也有腾空和较大的起伏。由于四肢同时参与动作，因此身体有明显的弓起压缩和舒张伸展。

慢跑时，四条腿的运动模式及交替方法基本相同。在快速奔跑时，某些动物的四肢由于交替频率快，会出现前后腿分别执行一致的运动形态，这种情况在动画作品中比较常见，如马、羚羊和野牛等，如图 8-82 所示。

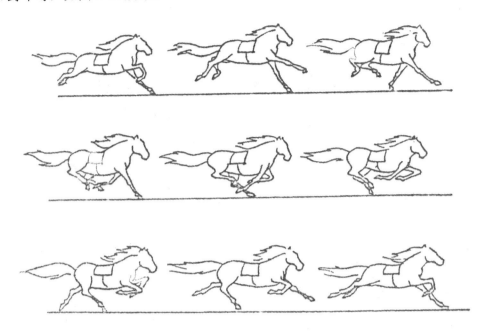

图 8-82　马的奔跑

根据奔跑速度的不同，一个完步所需的时间和动画制作的关键帧数量会有相应的变化。

慢跑：13～17 帧。

快跑：9～13 帧。

极速狂奔：5～9 帧。

制作狗跑步动画步骤如下。

01　新建一个 ActionScript 3.0 文档，设置帧频为 12fps，舞台大小为 450×300 像素，如图 8-83 所示。

02　逐帧绘制狗跑步动画。注意把握好耳朵和尾巴的曲线运动，如图 8-84 所示。

03　跑步动作速度快，四肢动作幅度大，身体卷曲的程度也剧烈很多，如图 8-85 所示。

图 8-83　文档属性

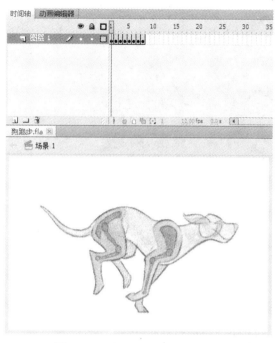

图 8-84　耳朵和尾巴的曲线运动

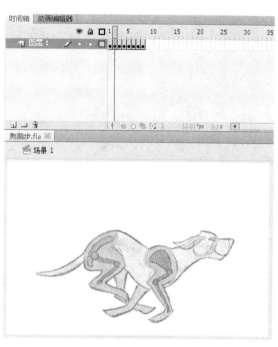

图 8-85　身体卷曲

由于奔跑时节奏较快，并且需要通过身体的屈伸来加大步幅长度，因此，前后腿的动作关系稍有变化，前面左右两腿的动作过程趋于靠近，但是不能错误地把两者同步操作，后腿也是一样，必须保证相应的先后次序，如图 8-86～图 8-91 所示。

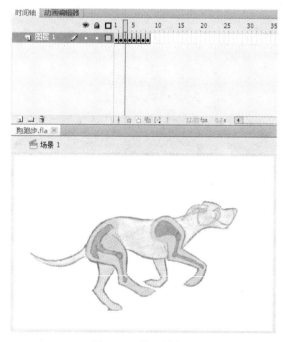

图 8-86　前腿抬起 1

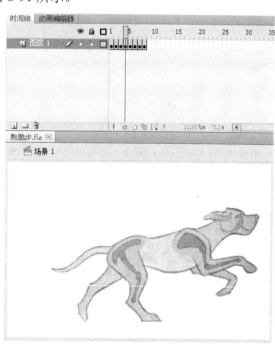

图 8-87　前腿抬起 2

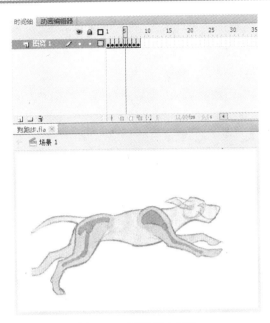

图 8-88　后腿发力蹬地

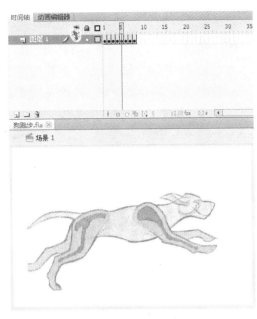

图 8-89　身体腾空

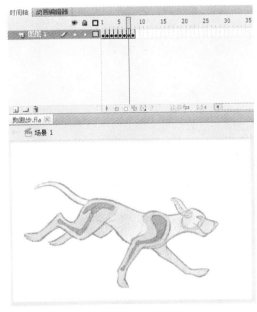

图 8-90　前肢着地

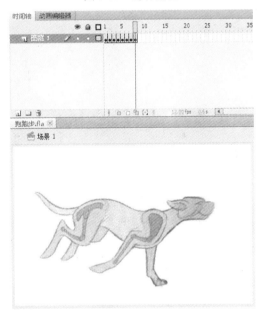

图 8-91　后肢向前跟进

制作完成后,按"Ctrl+Enter"组合键预览动画。动画效果详见配套光盘中的实例"狗跑步.fla"。

8.2.3　跳跃绘制技法与时间控制

动物的跳跃与走路和跑步一样,在动画中出现频率很高。具体动作分为准备阶段、起跳阶段、腾空阶段、落地阶段和缓冲恢复阶段。

- 准备阶段：头部和颈部收缩下压，身体弯曲紧缩，蓄积向前跳跃的爆发力量。
- 起跳阶段：抬头伸颈，后腿蹬地，前腿抬高，快速舒展身体。
- 腾空阶段：离开地面，身体根据惯性保持伸展状态，沿抛物线轨迹向前移动。
- 落地阶段：前腿首先接触地面并且重心前倾，身体弓起，后腿迅速向前探落，着地点超越前腿处于前面，这样有助于调整重心，如图8-92所示。

图8-92　豹子的跳跃

跳跃的时间长短根据跳跃的距离不同而不同，跳跃距离近的动作所需时间短，跳跃距离远的动作所需时间长，如图8-93所示。

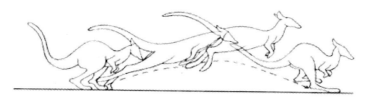

图8-93　袋鼠的跳跃

8.3　禽鸟类动物运动规律与时间的控制

禽鸟的种类非常多，大到翼展过米的鹰，小到堪比昆虫的蜂鸟，从海洋到陆地，自野外至庭院，鸟类的身影无处不在。

动画作品中常见的鸟类，根据翼展的大小可以分为阔翼、雀鸟和家禽这3类。

阔翼类具有翼展长大、喙大有力及爪健壮强大等特点，飞行动作较为缓慢，动作舒展，姿态优美，能飞善走，能够利用气流做长时间滑翔。如鹰、鹫、海鸥及鹤等。

雀鸟类体态轻盈娇小，翅短爪弱，动作灵活，只能蹦跳无法迈步行走，飞行时两翼扇动速度极快，如麻雀、黄莺和画眉等。它们动作灵活迅捷，翅膀扇动所需时间较短，完整过程约2/3秒，为6～8帧左右，如图8-94所示。

图8-94　雀鸟飞行动态

家禽类包括鸡、鸭和鹅等。足爪发达有力,善行走;翅虽大而不善飞,只在危急时才能作超低空短距离飞行;除鸡外,其他家禽爪上有蹼,善游水,如图 8-95 所示。

图 8-95　家禽行走动态

阔翼类飞行动作缓慢,翅膀扇动所需的时间较长,且夹杂着滑翔,一般情况下完整过程在 1 秒左右,约为 10～14 帧,如图 8-96 所示。

图 8-96　鸟飞动态

8.3.1　游水动作绘制技法与时间控制

游水动作多处于水下,不太常见,由于水下的阻力很大,通常情况下,划水的动作显得比较缓慢,一个完整的划水过程约在 2～3 秒,需 20～30 帧画面,如图 8-97 所示。

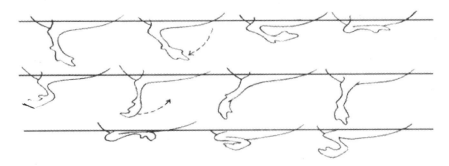

图 8-97　鹅、鸭游泳的脚蹼划动

> 提示：鸟类俯冲时动作形态变化很小，为了保证速度，翅膀后掠且展开不完全。因其特殊性，在动画作品中多用冲镜形式来表现。

8.3.2 飞行动作绘制技法与时间控制

鸟类飞翔时，翅膀扇动的频率因翼展大小而各不相同。

阔翼类多在高空翱翔，翅大羽丰，能够轻易地捕捉到有利气流。故而扇动的频率较慢，并伴有展翅不动的滑翔，一般情况下，一个完整的扇动大约持续 1 秒以上，甚至更长。

翅膀短小的雀，飞行动作基本不借助气流，扇动频率很快，一般在 1/2 秒左右。

01 新建一个 ActionScript 3.0 文档，设置帧频为 12fps，舞台大小为 720×576 像素，如图 8-98 所示。

02 绘制逐帧飞行动画，如图 8-99～图 8-106 所示。

图 8-1 文档属性

图 8-99 双翅向上呈弧形

图 8-100 向下挥动，翼尖因空气阻力而滞后

图 8-101 向下扇动

图 8-102 身体略上移

图 8-103 翅根部开始向上抬动

图 8-104 翼尖因惯性向下弯曲

图 8-105 身体下沉

图 8-106 身体最低点

03　制作完成后，按"Ctrl+Enter"组合键预览动画。动画效果详见配套光盘中的实例"鸟飞.fla"。

8.4　其他常见动物运动规律

8.4.1　爬行动物运动规律与时间的控制

爬行动物的行进动作通常十分缓慢，基本无跳跃变化；一般分为有足和软体无足两种。如蛇、龟和蜥蜴等。

有足类爬行过程中常有间歇的停顿，一般过程超过 3 秒，完整动作在 30 帧以上，如图 8-107 所示。

图 8-107　龟的爬行动作缓慢

无足类没有常规意义上的完整动作，以曲线方式扭曲身体伸缩前行，如图 8-108 所示。

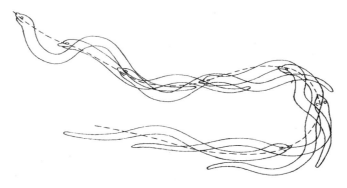

图 8-108　蛇类的爬行动作迅捷流畅

8.4.2　昆虫类动物运动规律与时间的控制

昆虫可分为软体爬行和甲壳飞行两种。

软体爬行类昆虫行动缓慢，多依靠身体的收缩蠕动逐渐移动；生活环境处于草叶和土壤中。

飞行昆虫多为六足，前两对足纤细，后足粗壮发达，十分有力。爬行时前两对足与最后一对足对角相应，交错前移；跳跃能力优越，后腿发力蹬，动作过程简单，前段动作为压缩，时间短，用时不会超过 2 帧，跃起后保持后退后蹬形态，可达 4～6 帧；甲克昆虫的身体纤小，飞行速度快，翅膀翻动肉眼无法辨识，因此在动画制作时，多以一上一下 2 帧，辅以流线和模糊的技术手段加强视觉效果。

例如蝴蝶的飞行，行进路线较模糊，没有固定的模式。在制作相关动画时，多用动作影片剪辑辅以引导线，如图 8-109 所示。

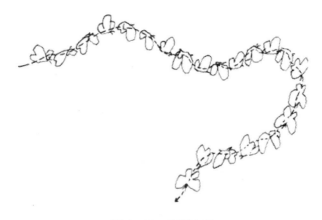

图 8-109　蝴蝶飞行

8.4.3　鱼类动物运动规律与时间的控制

鱼类的行动模式很单纯，主要是通过身体尾部的摆动来控制行进方向，辅以脊部、左右下腹部的鳍的摆动来完成。行进的轨迹同样是 S 形曲线。可根据摆动频率和速度节奏酌情控制时间，总的来说比较缓慢优雅，尾鳍越大，速度越慢。

制作鱼类游动的动画，应注意鱼的身体同行进方向一致。可根据移动轨迹的变化来调整鱼的身体形态。

01 新建一个 ActionScript 3.0 文档，设置帧频为 12fps，舞台大小为 500×300 像素，如图 8-110 所示。

02 绘制鱼游动的各帧动画，如图 8-111～图 8-115 所示。

图 8-110　文档属性

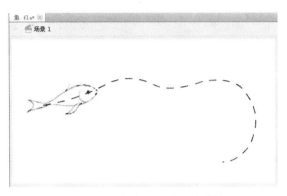

图 8-111　注意鱼身移动的轨迹

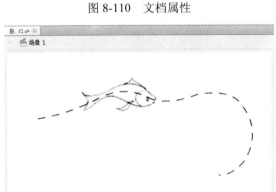

图 8-112　身体根据轨迹弯曲

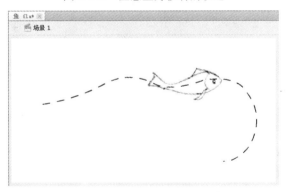

图 8-113　尾部依身体弯曲

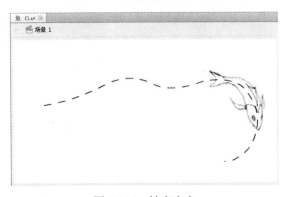

图 8-114　转变方向

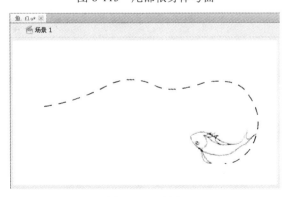

图 8-115　转向

03 制作完成后,按"Ctrl+Enter"组合键预览动画。动画效果详见配套光盘中的实例"鱼.fla"。

8.5 自然现象的运动规律与时间的控制

8.5.1 雨、雪的动画制作

雪和雨动画的制作方式大同小异,不同的地方在于,雨的形态和雪的不一样,下落的轨迹也不同,雨是直线快速下落,而雪是以曲线轨迹缓慢下落。下雪动画在前面章节已经介绍过,本节就不再赘述。

制作下雨动画的步骤如下。

01 新建一个 ActionScript 3.0 文档,设置帧频为12fps,舞台大小为 550×400 像素,如图 8-116 所示。

图 8-2　文档属性

02 使用线条工具勾画雨滴形状,如图 8-117 和图 8-118 所示。

图 8-117　绘制雨滴

图 8-118　完整形态

03 填充雨滴颜色后,复制雨滴填充舞台画面,如图 8-119 所示。

04 按"Ctrl+A"组合键全选雨滴,再按"Ctrl+C"组合键进行复制,如图 8-120 所示。

05 新建第 2 帧,按"Ctrl+Shift+V"组合键原位置粘贴所有雨滴,按雨滴间距的 1/3 向下移动,如图 8-121 所示。

第 8 章　Flash 动画制作方法

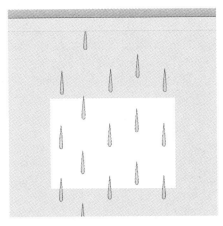

图 8-119　填充颜色并复制多个雨滴

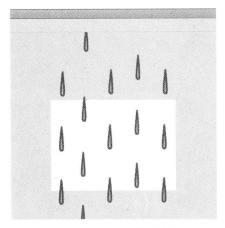

图 8-120　全选雨滴并复制

06 重复步骤 4 和步骤 5 的操作，建立第 3 帧和第 4 帧。

07 制作完成后，按"Ctrl+Enter"组合键预览动画。动画效果详见配套光盘中的实例"雨.fla"。

雨雪不能只做一层，因为景深的需要，应当根据远近关系做 2～3 层分别绘制，如图 8-122～图 8-124 所示。

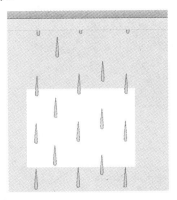

图 8-121　粘贴至第 2 帧

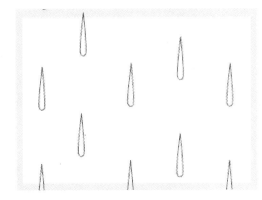

图 8-122　近景

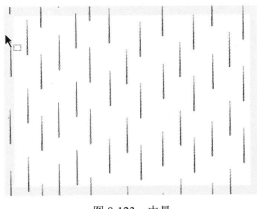

图 8-123　中景

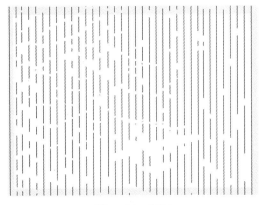

图 8-124　远景

将 3 层叠加在一起，再加入一张背景图，就能得到较为真实的雨景了。

速度的控制比较简单，遵循近快远慢的规则，近景雨滴从画面划过的时间为 1/3 秒左右，约 4 帧；中景则在 1/2 秒～2/3 秒左右，约 6～8 帧；远景速度较慢，多在 10 帧以上。

8.5.2 风、云、烟的动画制作

风动画制作的步骤如下。

风是看不见的气流，生活中只能通过感官和其他参照物才能体验，动画作品以线条表现的方法加以解决。

新建 ActionScript 3.0 文档，设置帧频为 12fps，逐帧绘制，如图 8-125～图 8-130 所示。

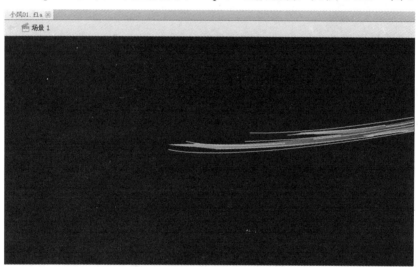

图 8-125　用画笔工具绘制风的流线

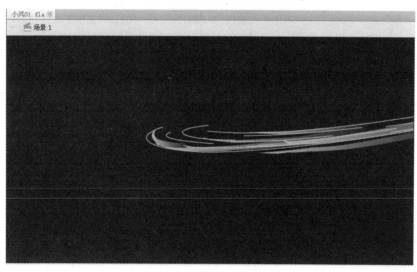

图 8-126　形态与位置的变化

图 8-127 转折

图 8-128 形态变化 1

图 8-129 形态变化 2

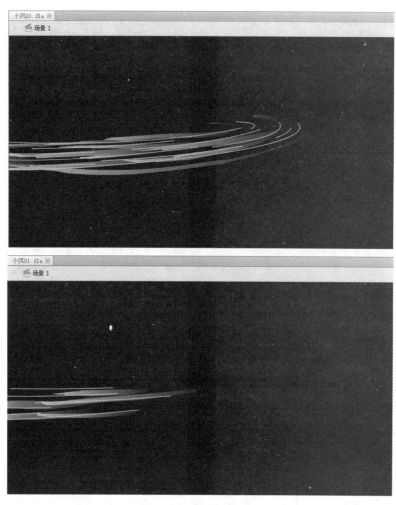

图 8-130　衰减出画面

当然，也可以增加一些随风飘动的树叶来强化画面的表现效果，如图 8-131 所示。

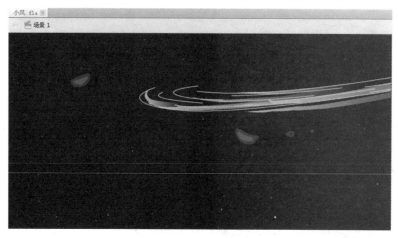

图 8-131　随风飘动的树叶

动画效果详见光盘案例"小风.fla"。

云和烟的形态比较相似,都具有轻柔、飘渺、无固定形态及受外力影响大等特点。另外,云的变化慢,移动速度慢;烟变化快,移动速度迅速。

云的平移,外形变化很小,用时长。一般移动速度可控制在 10 帧左右,如图 8-132 所示。

云的消散,外形变化大,过程为从无到有、自小变大,可由一个大块分散为多个小块,如图 8-133 所示。

图 8-132 云的移动

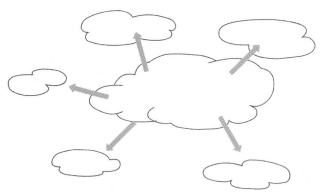

图 8-133 烟的分散

以烟圈消散为例,制作一段动画,步骤如下。

01 新建一个 ActionScript 3.0 文档,设置帧频为 24fps,舞台大小为 500×400 像素,如图 8-134 所示。

02 逐帧绘制烟的变化,如图 8-135~图 8-145 所示。

图 8-134 文档属性

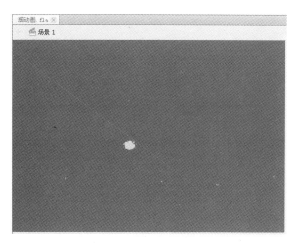

图 8-135 从无到有

图 8-136 逐渐变大

图 8-137 内层分开，露出空隙

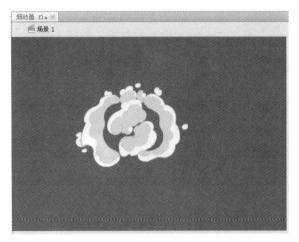
图 8-138 整体变大，开始分裂

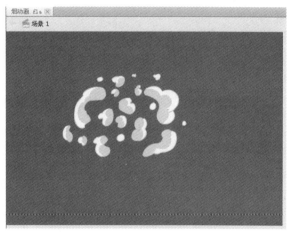
图 8-139 逐渐变化，再次分散

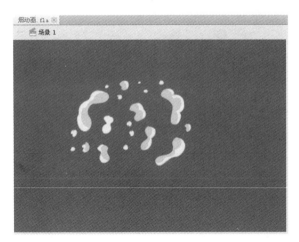
图 8-140 分散形态变化加大，体积减小

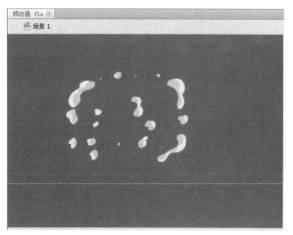
图 8-141 分散逐渐加剧，体积缩小

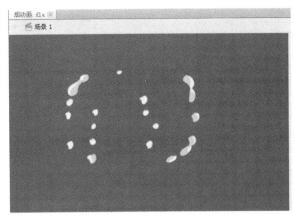

图 8-142　逐渐变小直至消失 1

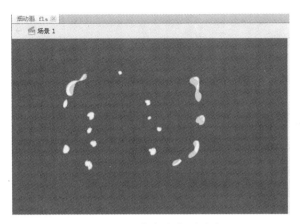

图 8-143　逐渐变小直至消失 2

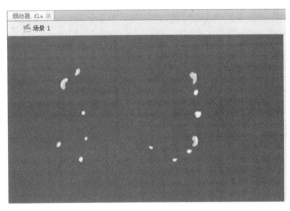

图 8-144　逐渐变小直至消失 3

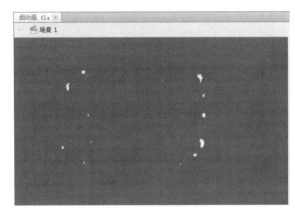

图 8-145　逐渐变小直至消失 4

03 制作完成后，按"Ctrl+Enter"组合键预览动画。动画效果详见配套光盘中的实例"烟动画.fla"。

8.5.3 雷电的动画制作

雷电动画速度很快，颜色多以亮黄色为主。可以逐帧制作动画，也可以通过黑白画面的快速切换来表现。一个闪电过程多在 1 秒内完成从产生到消失的过程。因为声音比光的传播速度要慢，在制作动画时，雷声基本放在闪电结束后出现，如图 8-146 所示。

图 8-146　闪电的效果图

01 新建一个 ActionScript 3.0 文档，设置帧频为 12fps，舞台大小为 550×400 像素，如图 8-147 所示。

图 8-147　文档属性

02 逐帧制作闪电动画，如图 8-148～图 8-157 所示。

图 8-148　初始状态

图 8-149　在逐渐加长的过程中需要保持尖端的形态

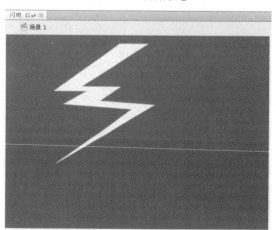

图 8-150　伸长

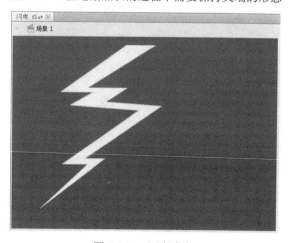

图 8-151　逐渐变化

图 8-152 消失从尾端开始，向前递延

图 8-153 变化过程

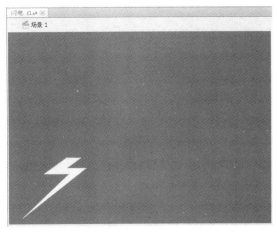

图 8-154 逐渐变小

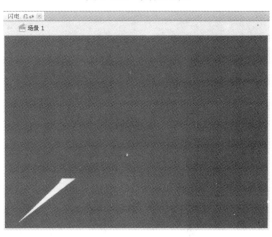

图 8-155 衰减

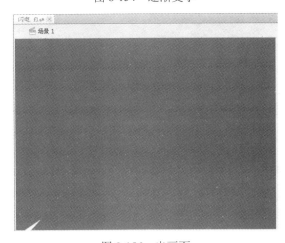

图 8-156 出画面

图 8-157 闪电出画面后空屏

制作完成后，按"Ctrl+Enter"组合键预览动画。动画效果详见配套光盘中的实例"闪电.fla"。

8.5.4 水的动画制作

水没有固定形态，只遵循从高往低的流动趋势；从点滴的水珠到碧波万顷的湖泊乃至无穷无尽的大海，水随处可见，如水圈的扩散、水花的飞溅、波浪的起伏及瀑布的倾泻。

水的动画速度很难确定，生活中平静湖面的涟漪从产生到消失，速度缓慢可达十几秒，计算下来多达百帧，但动画作品十多秒的镜头十分少见，所以制作类似现象时加以简化，用三五个环状水纹来表达，可以把动画控制在 8 帧左右，如图 8-158 所示。

图 8-158　涟漪的形态

1. 制作瀑布动画

01　新建一个 ActionScript 3.0 文档，设置帧频为 12fps，舞台大小为 140×300 像素，如图 8-159 所示。

02　使用画笔工具和颜料桶工具绘制一层蓝色背景层，如图 8-160 所示。

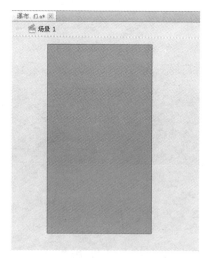

图 8-159　文档属性　　　　　　　　图 8-160　填充背景

03　新建图层，命名为"水纹"，并在舞台上绘制一条水花波纹，如图 8-161 所示。

04 全选水纹,按"Ctrl+C"组合键进行复制,然后按"Ctrl+V"组合键进行粘贴。连续复制 3 个水纹,并将其依次排列,如图 8-162 所示。

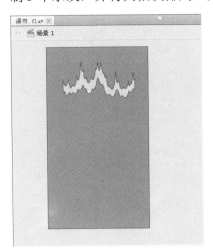

图 8-161 绘制水纹

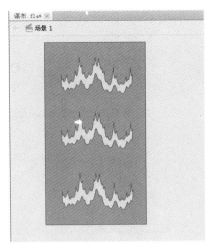

图 8-162 复制粘贴

05 新建关键帧,复制第 1 帧水纹到该帧。同时向下移动水纹之间间隔的 1/3,如图 8-163 所示。

06 再新建关键帧,复制前一帧水纹到该帧。再次向下移动水纹之间间隔的 1/3,如图 8-164 所示。

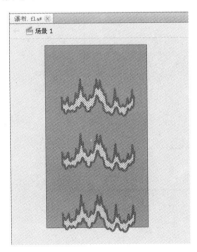

图 8-163 全选

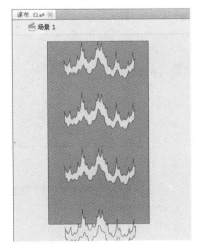

图 8-164 换位粘贴

07 制作完成后,按"Ctrl+Enter"组合键预览动画。

2. 制作海浪效果

01 绘制海浪各帧的动画,9 帧逐帧画面如图 8-165～图 8-173 所示。

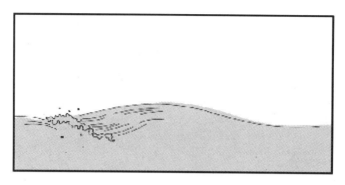

图 8-165 浪花生成

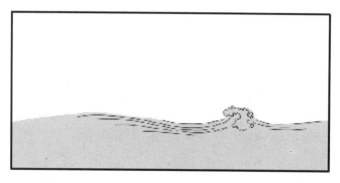

图 8-166 浪花移动

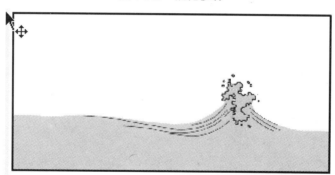

图 8-167 形态变化

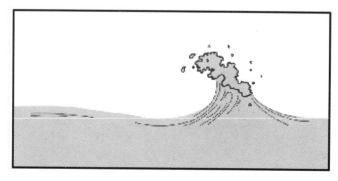

图 8-168 方向的转变

图 8-169　体积变化

图 8-170　开始下落

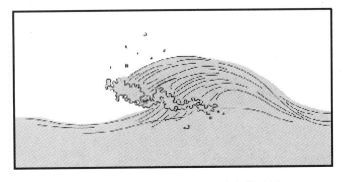

图 8-171　随着浪花下落，水波渐趋平缓

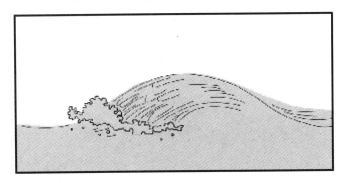

图 8-172　落入水中

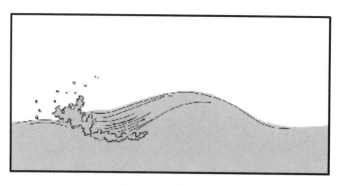

图 8-173 波浪衰减

02 制作完成后，按"Ctrl+Enter"组合键预览动画。动画效果详见光盘实例"海浪"。

8.5.5 火的动画制作

表现火的动画属于不规则的曲线运动，原因是火焰在燃烧时极易受到外界条件的影响。无论是风、阻挡物，甚至是自身产生的热气流和气压，都会轻易地使火焰改变当前的形状。

火焰的运动基本轨迹为曲线，动态包括扩张、聚集、上升、下敛、摇摆、分离和消失等。在设计火焰动画时，必须坚持随意的原则，也不能孤立地处理单独的火苗，应当以团块为单位综合考虑。火焰的基本形态如图 8-174 所示。

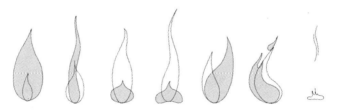

图 8-174 火焰的基本形态

按形态大小可把火焰动画分为小火苗、中等火焰和大火。小火动作细碎，跳跃感强，形态变化多端，一般 6~10 帧做不规则循环，多用来表现烛火；中等火焰含燃烧主体和上升分离两部分，多用来表现火把和篝火等；大火由数个或数十个中等火焰组成，可分层进行处理，在较大场景中才会出现，如火灾和战争场面，如图 8-175 所示。

图 8-175 火焰的分离变化

第 8 章　Flash 动画制作方法

制作小火焰动画步骤如下。

01　新建一个 ActionScript 3.0 文档，设置帧频为 12fps，舞台大小为 250×300 像素，如图 8-176 所示。

图 8-176　文档属性

02　逐帧绘制火的动态画面，如图 8-177～图 8-184 所示。

图 8-177　基本形态

图 8-178　火焰的顶端逐渐上升

图 8-179　分离加剧

图 8-180　上升趋势拉伸火焰形态

03　制作完成后，按"Ctrl+Enter"组合键预览动画。动画效果详见光盘实例"小火"。

大一点火堆的动画制作，基本思路与小火一致，只要注意保持火团与分离出的火苗都要保持向上升的趋势。相较小火，画面元素增加了很多，绘制的时候一定要注意前后帧的相互关系。

火堆制作过程如图 8-185～图 8-188 所示，注意蓝色框选平的部分所发生的变化。动画效果详见光盘实例"小火"。

235

图 8-181　顶端的火焰变小 1

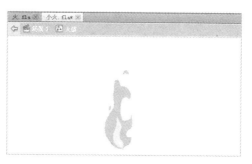

图 8-182　顶端的火焰变小 2

图 8-183　顶端的火焰变小直至消失

图 8-184　恢复到初始形态

图 8-185　大火分离出火苗

图 8-186　分离出的火苗上升 1

图 8-187　分离出的火苗上升 2

图 8-188　分离出的火苗上升 3

第 9 章 骨骼动画

尽管相较 3D 软件中的骨骼系统要逊色不少，但是 Flash 动画制作中骨骼概念的引入依然大大简化了动画绘制工作。

本章重点：
- 骨骼的建立
- 骨骼的控制
- 通过骨骼实现动画

9.1 骨骼的基本概念

在 Flash CS4 以前的版本中，制作角色动画时一直都是使用元件、分组和任意变形工具进行相应的操作，如图 9-1 所示。

图 9-1 使用任意变形工具调整角色动作

因此，制作中需要对每一个角色所需要运动的部分单独分组或者分层来进行调整和绘制，如图 9-2 所示。

图 9-2 分组和分层调整动作

相比之下，在 3D 动画制作软件中，角色的动作调整是使用与模型绑定的骨骼系统来完成的，并不需要对模型进行直接操作，从而节省了很多工作量，如图 9-3 所示。

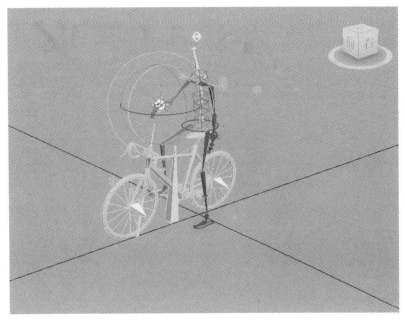

图 9-3　3D 软件中的骨骼系统

在 Flash CS4 及以后版本中，加入了骨骼工具，尽管并不能像 3D 软件那样在 X、Y 和 Z 3 个轴向上同时进行随心所欲的调整，但已经为平面动画工作者带来了不小的惊喜。

反向运动（IK）是一种使用骨骼的有关节结构对一个对象或彼此相关的一组对象进行动画处理的方法。使用骨骼，元件实例和形状对象可以按复杂而自然的方式移动，只需做很少的设计工作。例如，通过反向运动可以更加轻松地创建人物动画，如胳膊、腿和面部表情。可以向单独的元件实例或单个形状的内部添加骨骼。在一个骨骼移动时，与启动运动的骨骼相关的其他连接骨骼也会移动。使用反向运动进行动画处理时，只需指定对象的开始位置和结束位置即可。通过反向运动，可以更加轻松地创建自然的运动。

9.2　骨骼的建立

骨骼的建立一般有以下两种方法。

第一种方法是新增骨骼用来连接多个单独个体，以建立按次序关联的元件实例。骨骼可以使元件实例连在一起进行运动，例如，有一些影片剪辑，每一个都绘制了不同的人体部位。只要连接身体躯干、上肢、下肢和手，就可以建立看起来能较为自然移动的手臂。可以建立分支骨架，包含双臂、双腿和头部，如图 9-4 所示。

第二种方式是向形状对象的内部添加骨骼。可以在合并绘制模式或对象绘制模式中创建形状。通过骨骼，可以移动形状的各个部分并对其进行动画处理，无需绘制形状的不同版本或创建补间形状。例如，可向人形剪影图形中添加骨骼，使其可以逼真地运动和弯曲，如图 9-5 所示。

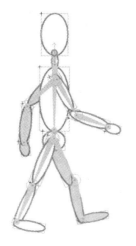

图 9-4　添加骨骼后的多个元件组成人物　　　　　图 9-5　为图形添加骨骼

骨骼链称为骨架。在父子层次结构中，骨架中的骨骼彼此相连。骨架可以是线性的或分支的。源于同一骨骼的骨架分支称为同级。骨骼之间的连接点称为关节。

在向元件实例或形状添加骨骼时，Flash 将实例或形状及关联的骨骼移动到时间轴中的新图层。此新图层称为**姿势图层**。每个姿势图层只能包含一个骨骼及其关联的实例或形状，如图 9-6 所示。

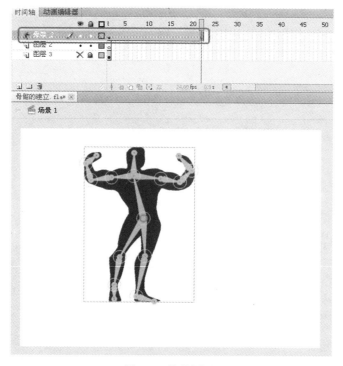

图 9-6　姿势图层

第 9 章 骨骼动画

Flash 包括两个用于处理 IK 的工具：骨骼工具可以向元件实例和形状添加骨骼；绑定工具可以调整形状对象的各个骨骼和控制点之间的关系。

骨骼的创建方法比较简单，这里以图形为例，使用"骨骼工具"进行创建工作，步骤如下。

01 首先需要绘制人形剪影的图形，如图 9-7 所示。

图 9-7 绘制人形剪影

02 然后单击"骨骼工具"按钮，以腰部为起点，创建根骨骼，如图 9-8 所示。

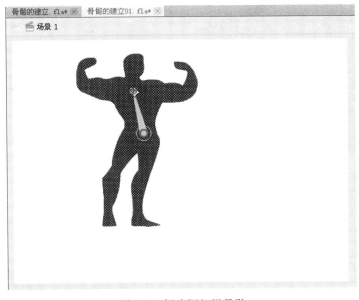

图 9-8 创建腰部根骨骼

241

03 接着，以顶部为起点，分别创建两条胳膊的骨骼，如图 9-9 所示。

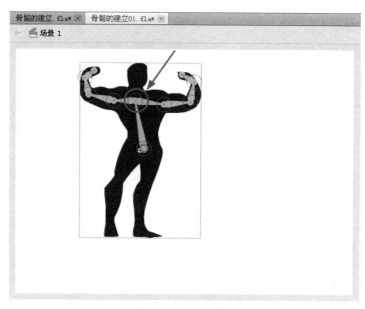

图 9-9　创建胳膊的骨骼

04 再建立连接头部的骨骼，如图 9-10 所示。

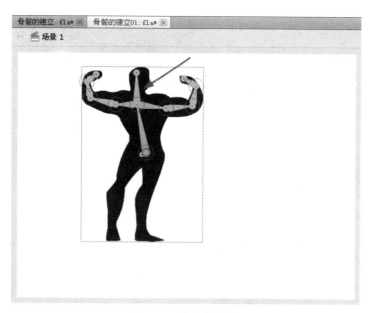

图 9-10　头部的骨骼

05 最后，以腰部根骨骼的下端为起点，分别建立两条腿及脚部的骨骼，如图 9-11 和图 9-12 所示。

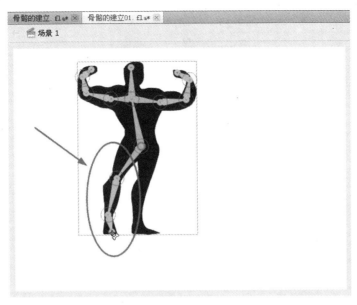

图 9-11　左腿骨骼

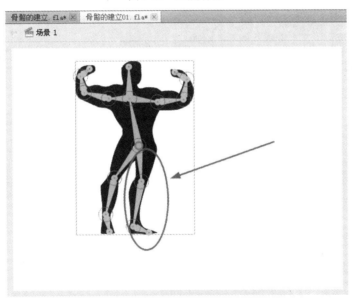

图 9-12　右腿骨骼

至此，该图形的骨骼创建完毕。

9.3　骨骼的控制方法

对骨骼的控制可以直接使用"选择工具"，对需要移动的目标进行拖动，如图 9-13 所示。

图 9-13　使用"选择工具"拖动对象

依次调节各个需要调整的骨骼控制节点,为角色摆出动态姿势,如图 9-14～图 9-19 所示。

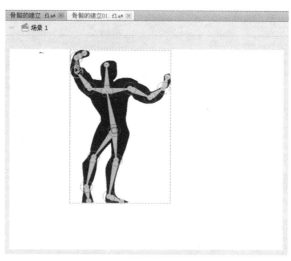

图 9-14　调整右臂

图 9-15　调整右腿

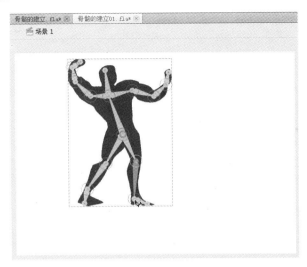

图 9-16　调整左腿姿态

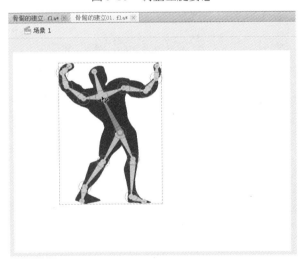

图 9-17　调整腰部角度和姿态

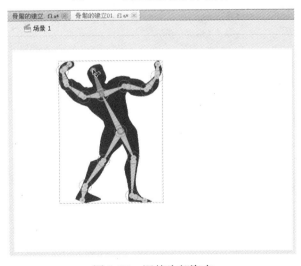

图 9-18　调整头部姿态

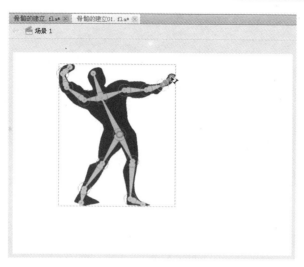

图 9-19　调整右臂姿态

9.4　骨骼动画制作

针对 IK 骨架进行动画处理的方式与 Flash 中的其他对象不同。只需向姿势图层添加帧并在舞台上重新定位骨骼即可创建关键帧。姿势图层中的关键帧称为姿势。由于 IK 骨架通常用于动画，因此每个姿势图层都自动充当补间图层，如图 9-20 所示。

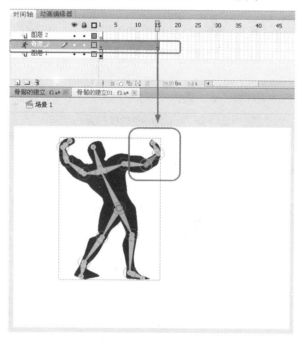

图 9-20　建立骨骼

9.4.1 简单骨骼动画

通过对骨骼的控制，可以很便捷地建立骨骼动画，如图 9-21～图 9-24 所示。

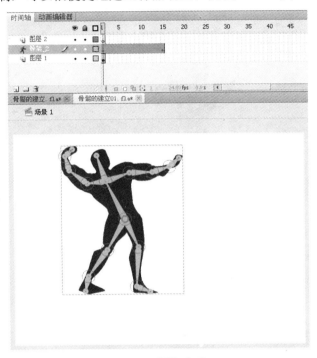

图 9-21 骨骼动画 1

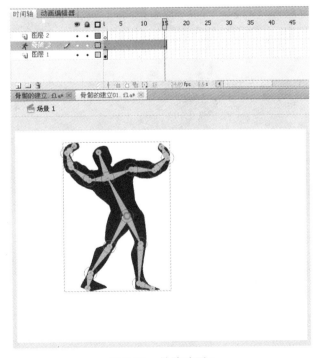

图 9-22 骨骼动画 2

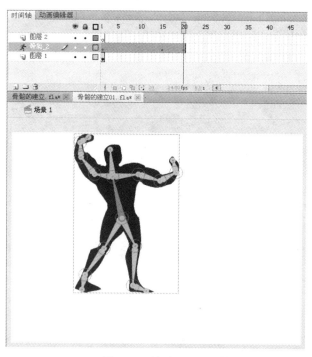

图 9-23 骨骼动画 3

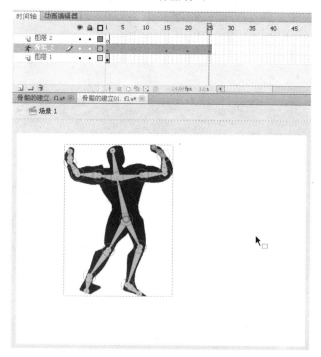

图 9-24 骨骼动画 4

按"Ctrl+Enter"组合键预览动画,动画效果详见光盘案例"骨骼的建立与简单骨骼动画.fla"。

9.4.2 复杂骨骼动画

相对于图形动画来说，元件拼合的角色动画比较复杂，尽管骨骼工具提供了对于动作的快速部署能力，但是在很多情况下，常规动画制作手段与骨骼工具配合使用反而更加快捷有效，本节以拟人化的猴子造型的走路动画为例来详细介绍。

01 首先，需要绘制猴子造型备用，然后将手绘稿使用 Flash CS5 矢量化，这是必须经历的过程。具体方法在这里不做详细演示了，如图 9-25 所示。

图 9-25　绘制猴子造型

02 然后将猴子身体的各个部位分组并转换为单独的元件，如图 9-26 所示。

图 9-26　转换为单独元件

03 在动画基础知识的章节中,我们学习了动物的基本运动规律,知道在走路动作中,猴子的头部与身体的动作,这里暂时不做幅度较大的动作,因此不需要使用骨骼工具。而双手、双腿及曲线动态的尾巴必须赋予骨骼的,如图9-27所示。

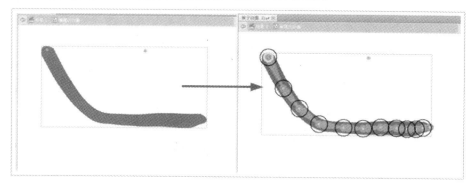

图9-27 为猴尾巴添加骨骼

根据动作需要,为尾巴添加骨骼。由于尾巴柔软,没有具体轮廓要求,因此可以使用图形模式。需要注意的是,在创建骨骼时需要密集一些,防止转折过少,显得僵硬,如图9-28所示。

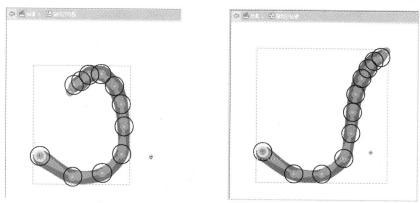

图9-28 调节尾巴骨骼,确保能够完成制作要求

04 接下来为双臂创建骨骼,注意关节衔接的位置,如图9-29所示。

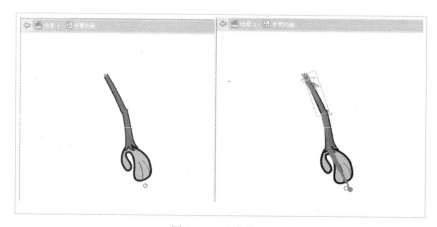

图9-29 手臂骨骼

05 下面在时间轴中对手臂骨架进行动画处理。IK 骨架存在于时间轴中的姿势图层上。若要在时间轴中对骨架进行动画处理，要通过单击鼠标右键，在弹出的快捷菜单中选择"姿势图层"＞"帧"＞"插入姿势"命令来插入"动作 POSE"。使用"选取工具"更改骨架的配置。Flash 将在姿势之间的帧中自动内插骨骼的位置，如图 9-30 所示。

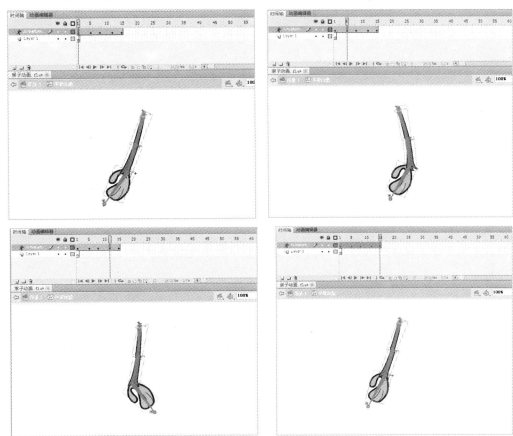

图 9-30　插入姿势

06 然后为腿部增加骨骼和动画，如图 9-31 所示。

图 9-31　腿部动画

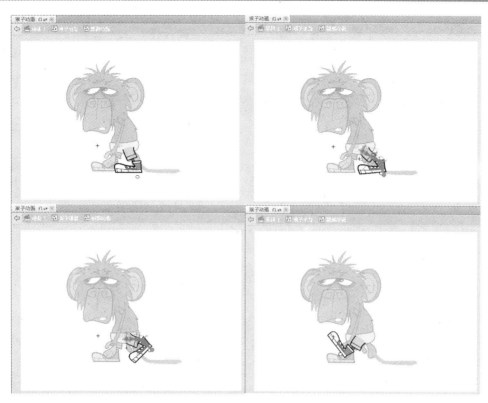

图 9-31　腿部动画（续）

通过对各个部位元件的动画制作，并在时间轴中设置相应的延长帧数（具体帧数需根据剧情需要或者动画师的创作目的来确定），就可以实现整体动画效果了，如图 9-32 所示。详见光盘实例"猴子动画.fla"。

图 9-32　猴子动画

第 10 章 完整的 Flash 动画制作

具备了软件操作能力,掌握了动画制作原理,相信大家已经跃跃欲试,希望制作一个属于自己的 Flash 动画作品了。

本章节利用实际项目来演示动画短片制作的整个流程。

本章重点:
- 素材的制作与储备
- 动画制作过程
- 文件的导出与发布

10.1 创意与先期工作

制作 Flash 动画项目，首先需要一个剧本。当然，剧本的来源可以是文字或录音，并不是需要编剧中规中矩的创作过程，小型动画项目的故事素材甚至可以源自几幅短小精悍的四格漫画。

本章节将以作者早年间加工制作的，一段由广州俏佳人公司出版的系列笑话中的一个小片段来介绍一个项目从无到有的完整制作过程。

这种类型的项目创意不需要动画师过多介入，最初的资料虽然仅有一段音频文件，但是项目内容都包含在里面，如图10-1所示。

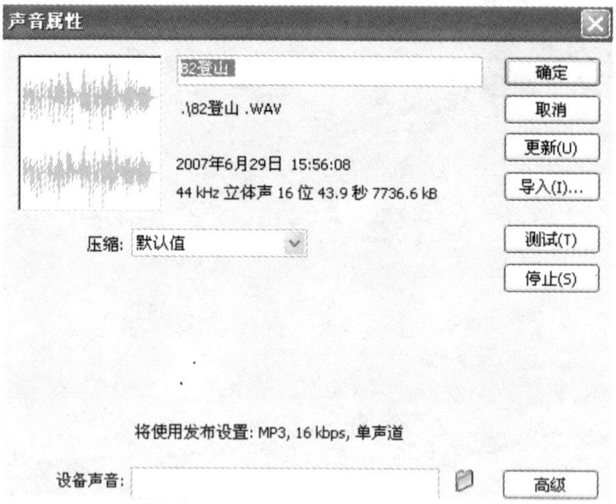

图 10-1　音频文件

下面要做的是，详细研究音频文件的内容，进行段落分割和素材准备。这个步骤很重要，没有准备的仓促行动必将是失败的。

素材的准备包括字体的选择、场景的筛选，以及造型的初步确定。

在字体的选择上，尽可能使用大众化的、普及率高的。网络上字体资源十分丰富，很多字体非常漂亮新颖，但是，在缺乏字体文件的环境打开工程文件时，会使用默认字体，这就导致费尽心思制作的项目画面受到破坏。

别外，动画作品主体不是炫目的字体，而是动画本身，很多初学者往往忽视这些，反而把精力过多地放在字体等细节上，有点本末倒置了。目前方正字库和微软雅黑等普及率很高，在使用和发布的过程中一般不会遇到什么障碍，建议大家尽可能使用这些字体。

场景可以来自平时的素材积累。在学习和工作的过程中，一定要注意将制作的单体素材加以分类保存，随着积累的增加，个人素材库的容量也越来越大，往往不需要花费太多精力就能通过现有文件完成场景的制作，如图10-2所示。

第 10 章　完整的 Flash 动画制作

图 10-2　素材的收集与储备

角色也是一样，除了主要角色的形象需要重新设计以外，其他的次要角色和群众形象等都可依靠平时的储备来完成，这样可以大大缩短项目的创作（制作）周期，如图 10-3 所示。

图 10-3　形象储备（库）

10.2　分镜头

分镜的制作在整个项目中处于早期工作，占用整体项目的时间并不多，但是以笔者的从业

255

经验来说，这是一个很重要的环节。

10.2.1 镜头划分的基础知识

在动画制作中，分镜头画面台本是导演对整个影片的整体构思和蓝图，是整部影片的有关创作人员，包括中后期工作人员统一认识、落实工作的重要依据，也是动画片生产计划与制作效果能否顺利实施的重要保证，更是导演的创作意图，影片风格与节奏表现的具体设计图。所以动画分镜头画面台本是动画片绘制过程中的重中之重，如图 10-4 所示。

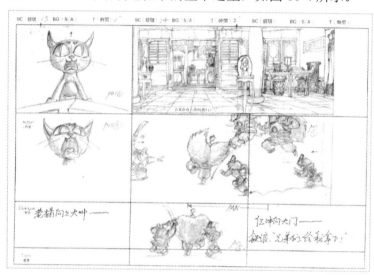

图 10-4　手绘分镜

在小型的 Flash 动画项目中，往往是一个人独立制作，分镜的工作有利于理清思路，可以保证整体项目的流畅进行，如图 10-5 所示。

图 10-5　小型项目的简单分镜

10.2.2 项目的分镜制作

传统分镜的制作一般以手绘为主,但是在当前项目中,不必按部就班地进行详细的绘制,可以使用现有素材进行大体框架的搭建,为后续的动画工作理清脉络,所以采用了简单的图形序列图。

这个项目提供的文字本与音频文件稍有偏差,大概如下:在登山训练中,两名登山运动员当中的一位不慎跌下了悬崖。另一位趴在悬崖上向下喊道:"哥们!怎么样,你伤着了吗?"只听山下传上来的声音:"不知道啊,我还在下落呐!"

根据音频,把整个文件分为 12 个镜头段落,加上片头片尾总共 14 个分段,如图 10-6 所示。

图 10-6 分镜列表

分镜说明如下。

- 1:片头大场景,并且出现字幕。
- 2:登山运动。
- 3:爬山镜头。
- 4:踩滑特写。
- 5:夸张的下落。

- 6：快速落下的效果。
- 7：下落流线效果，强化速度。
- 8：没掉落的运动员受惊的表情。
- 9："哥们！怎么样，你伤着了吗？"。
- 10：只听山下传来声音。
- 11："不知道啊，我还在下落呐！"。
- 12：再次表现下落的镜头。
- 13：无语的表情。
- 14：片尾字幕。

10.3 造型与场景的设定

10.3.1 造型设计制作

按照剧情需要，爬山时的动作以背面与侧面为主，所以两名登山运动员的这两个角度是必须整体制作的，因为贴近山壁，身体正面不可能出现，而头部可以转动，正面的角度也必须准备。掉下山崖的运动员在下落过程需要正面形象。

这个项目中共有以下两个人物。

人物一（掉下山崖者），如图10-7～图10-10所示。

图 10-7　正面（下落中）　　　　　　　图 10-8　背面（爬山中）

图 10-9　侧面（爬山中）

图 10-10　掉落时的模糊影像
（在 PhotoShop 中使用模糊工具）

人物二（未掉落者），如图 10-11～图 10-13 所示。

图 10-11　背面（爬山中）　　图 10-12　侧面（爬山中）　　图 10-13　正面的脸部

10.3.2　场景设计制作

　　动画场景以山地为主，笔者从素材库选择素材制作了相应的背景。该项目中，制作要点并不在背景，出色的音频效果大大分散了观众的注意力，背景需求并不大，归纳下来只需三个场景，如图 10-14 所示。

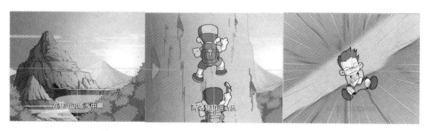

图 10-14　三个场景

以图 10-14 中的全景图为例，先准备元素的素材，包括山体、树丛和烟雾。在项目制作中，如果有现成的素材当然最好，这样可以极大地提高工作效率。搜集的素材如图 10-15 所示。

图 10-15　素材的准备

素材搜集完毕以后，在舞台上调整各元素的位置，逐步完成背景的制作，如图 10-16～图 10-19 所示。

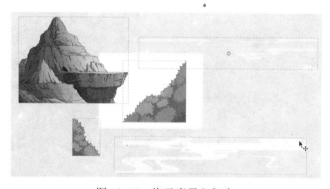

图 10-16　将元素导入舞台

图 10-17　先将处于底层的山和天空导入

图 10-18　导入山的主体和云雾

图 10-19　全部元素调整完成

按此方法，将其他两幅背景做出来备用，如图 10-20 和图 10-21 所示。

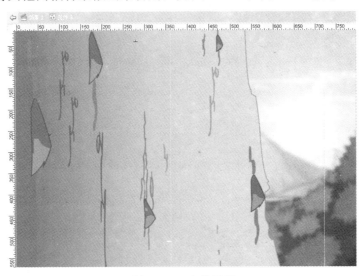

图 10-20　山体近景

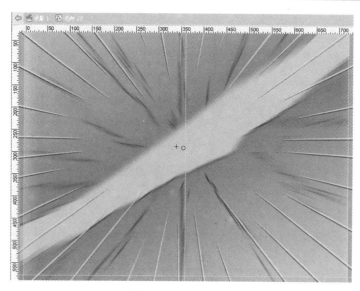

图 10-21　山涧场景

至此，角色与场景制作完毕。

10.4　动画的制作

动作是动画的关键所在，在制作动画之前，对每个镜头的动作仔细分析，确定具体动作要点。本节将以镜头为单位，一步一步地完成动画的设计与制作。

1．片头

01　打开 Flash CS5 软件，新建 ActionScript 3.0 文档。设置帧频为 25fps，720×576 像素（电视标准分辨率）。并在舞台上打开标尺、拉好均分辅助线，如图 10-22 所示。

图 10-22　新建 Flash 文档

第 10 章 完整的 Flash 动画制作

02 依次导入音频文件"开始音乐"和"登山"到库中。并在新建图层中，导入音频文件。在"音频属性"菜单的"同步"选项中选择"数据流"命令。同时建立延长帧到合适的位置，确保音乐能够正常完整地播放。注意，导入第二个音频文件时需要在此建立关键帧，如图 10-23 和图 10-24 所示。

图 10-23 "声音属性"对话框

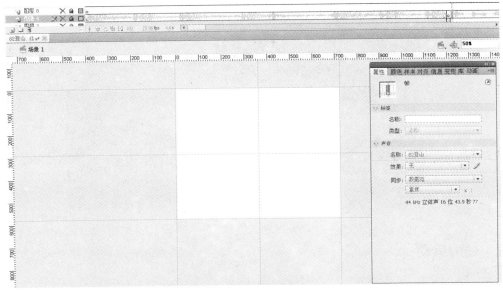

图 10-24 音频属性

03 然后新建图层，导入制作好的背景图，如图 10-25 所示。

图 10-25 导入片头背景

04 制作片头字幕"登山",如图10-26所示。

图10-26 片头字幕

2. 登山运动

01 在背景图层新建关键帧,导入背景与制作好的角色到舞台,将角色转换为图形元件,如图10-27所示。

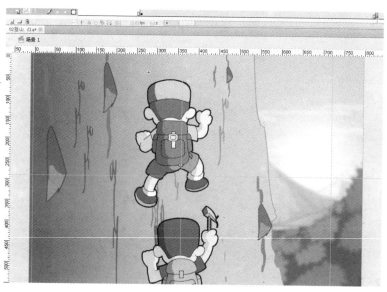

图10-27 导入背景和角色

02 进入元件，编辑角色动画，如图 10-28 所示。

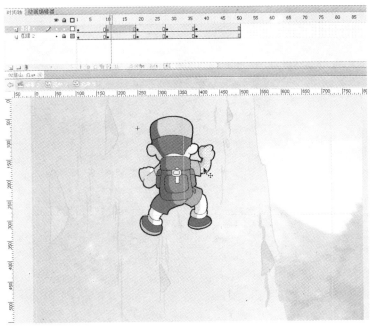

图 10-28　编辑角色动画

03 再编辑第二个角色的爬山动画。鉴于两个角色动作基本一致，在此仅演示第二个角色的逐帧动作。如图 10-29～图 10-33 所示。

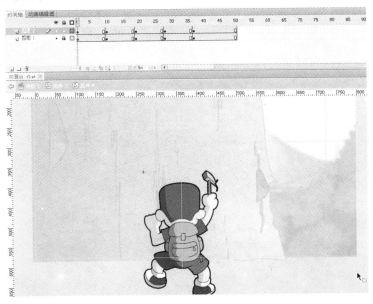

图 10-29　爬山动作 1

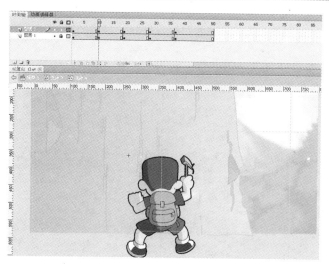

图 10-30　爬山动作 2

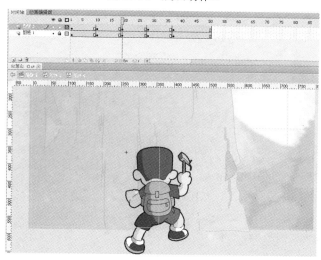

图 10-31　爬山动作 3

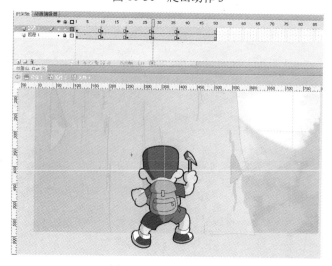

图 10-32　爬山动作 4

第 10 章　完整的 Flash 动画制作

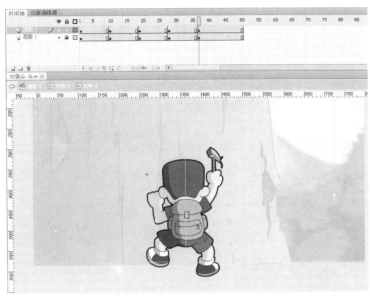

图 10-33　爬山动作 5

3．爬山镜头

01 在背景图层新建关键帧，这两个镜头背景变化不大，将背景中的元素位置稍加改变即可，再把制作好的侧面角色导入到舞台，转换为图形元件，如图 10-34 所示。

图 10-34　导入侧面角色

02 进入元件，编辑角色动画，如图 10-35 所示。

图 10-35　编辑角色动画

03 这一段动画中包含面部从侧面到正面的转换,以及眨眼动作,需要在不同的图层分别完成。具体的动画制作详见光盘实例"登山.fla",如图 10-36 所示。

图 10-36　分层制作动画

4．踩滑特写

新建关键帧,使用"任意变形工具" 放大背景与角色,将镜头视角移动到脚部。把脚部转换为图形元件,然后编辑动画,如图 10-37～图 10-39 所示。

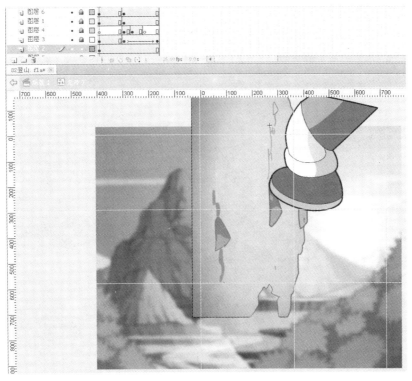

图 10-37 编辑动画 1

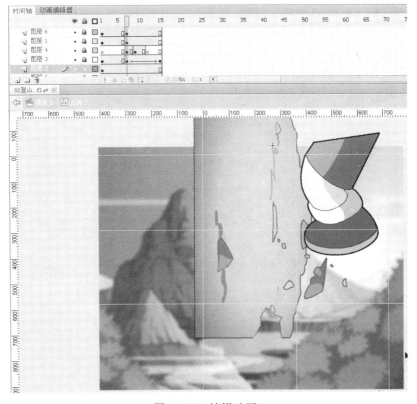

图 10-38 编辑动画 2

图 10-39 为泥土添加补间动画

5. 夸张的下落

夸张的下落动作如图 10-40～图 10-44 所示。

图 10-40 踩滑时的面部与肢体动作

图 10-41 转面,添加闪动特效

6. 快速落下的效果

这个镜头强化人物下落时的速度很快,为了强化速度感,采用了 2 个手段,首先是泥块的掉落,然后导入做过模糊效果的角色图形自上而下快速划过舞台,对比强烈,如图 10-45 和图 10-46 所示。

第 10 章　完整的 Flash 动画制作

图 10-42　使用帽子分离和身体变形增加画面戏剧效果

图 10-43　使用夸张的分离强化坠落

图 10-44　帽子最后向下飘落

图 10-45　泥块的掉落

7．下落流线效果，强化速度

新建关键帧，导入山涧背景与正面造型，如图 10-47 和图 10-48 所示。

图 10-46　模糊图形的快速滑落

图 10-47　下落的流线和飘动的头发

271

8. 没掉落的运动员受惊表情

镜头转回没有掉落的运动员，看到队友坠落，大惊失色，恐惧迅速显示在脸上蔓延，使用夸张的嘴部、眼部变化增强恐慌的情绪，如图10-49和图10-50所示。

图10-48　旋转角度，使用"任意变形工具"缩小人物

图10-49　表情变化前

9. 第二个角色动作制作

拉近镜头，抬手到嘴边，大声喊叫"哥们！怎么样，你伤着了吗？"，如图10-51所示。

图10-50　表情的夸张变化

图10-51　抬手到嘴边

10. 配合画外音

配合画外音"只听山下传来个声音"，这时镜头缓慢移动一下，如图10-52所示。

11. "不知道啊，我还在下落呐！"

这个镜头是该动画的笑点所在，使用文字特效来配合精彩的配音。将文字打散后转换为元件，文字自下而上，从小到大，用深色描边，用亮色填充，同时辅以闪电图形边框，增加表现效果，如图10-53～图10-57所示。

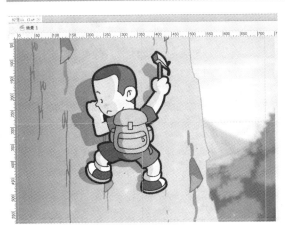

图 10-52　移动镜头

图 10-53　文字特效 1

图 10-54　文字特效 2

图 10-55　为文字增加逐帧抖动动画

图 10-56　使用相同手法处理另一句话

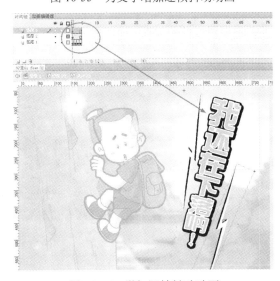

图 10-57　增加逐帧抖动动画

12. 再次表现下落的镜头

这是重复的镜头，说明还在下坠中，但是相比前一次出现的场景，增加了眉毛抖动动画，突出无奈的情绪。操作时，复制前面的动画帧，独立转换眉眼为元件，制作眉毛抖动跳跃的动画，如图10-58和图10-59所示。

图10-58　复制前面的动画帧

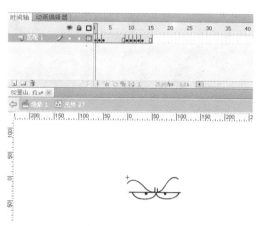
图10-59　眉毛的抖动

13. 水滴（汗）特效加无语的表情

再次烘托故事的喜剧色彩，如图10-60～图10-62所示。

图10-60　水滴（汗）效果

图10-61　表情变化

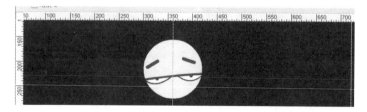
图10-62　黑幕转场，过渡到片尾职员表

动画工作全部完成，按"Ctrl+Enter"组合键，预览动画生成"登山.swf"播放文件，或者通过"文件"菜单中的"发布"命令，生成其他格式的视频播放文件。